U0393723

DaVinci Resolve 中文版

达芬奇视频调色与特效
完全自学教程

王肖一 ◎ 著

中国铁道出版社有限公司
CHINA RAILWAY PUBLISHING HOUSE CO., LTD.

内 容 简 介

DaVinci Resolve 又称达芬奇，是一款专业的影视调色剪辑软件，为用户提供了多种视频编辑功能与效果，可用于视频调色、剪辑、合成以及制作专业音频、字幕文件等，是常用的视频编辑软件之一。书中以作者拍摄的视频为素材，通过 110 个小案例，与大家分享一下达芬奇调色的经验、技巧，以及软件的功能、面板等内容，帮助读者快速熟悉运用 DaVinci Resolve 软件。

本书内容丰富，循序渐进，理论与实践相结合，既适合广大影视制作、调色处理相关人员，如调色师、影视制作人、摄影摄像后期编辑、广电的新闻编辑、节目栏目编导、独立制作人等，也可作为高等院校影视调色相关专业的辅导教材，相信达芬奇的初、中级读者阅读后也会有一定的收获。

图书在版编目（CIP）数据

DaVinci Resolve 中文版达芬奇视频调色与特效完全
自学教程 / 王肖一著 . —北京：中国铁道出版社有限
公司，2020.10（2024.3 重印）
ISBN 978-7-113-27082-7

Ⅰ. ① D… Ⅱ. ① 王… Ⅲ. ① 调色－图像处理软件－
教材 Ⅳ. ① TP391.413

中国版本图书馆 CIP 数据核字（2020）第 131797 号

书　　名：DaVinci Resolve 中文版达芬奇视频调色与特效完全自学教程
　　　　　DaVinci Resolve ZHONGWENBAN DAFENQI SHIPIN TIAOSE
　　　　　YU TEXIAO WANQUAN ZIXUE JIAOCHENG
作　　者：王肖一

责任编辑：张亚慧　　　　编辑部电话：(010) 51873035　　　电子邮箱：lampard@vip.163.com
封面设计：宿　萌
责任校对：王　杰
责任印制：赵星辰

出版发行：中国铁道出版社有限公司（100054，北京市西城区右安门西街 8 号）
印　　刷：北京盛通印刷股份有限公司
版　　次：2020 年 10 月第 1 版　2024 年 3 月第 7 次印刷
开　　本：787 mm×1 092 mm　1/16　印张：21　字数：484 千
书　　号：ISBN 978-7-113-27082-7
定　　价：108.00 元

前　言

　　提起达芬奇，相信很多新手都跟我当初有一样的反应，脑海里闪过的第一个念头是著名画家列奥纳多·达·芬奇，等了解了才知道，达芬奇是一款影视调色软件，它的英文名称是 DaVinci Resolve，可用于视频调色、剪辑、合成以及制作专业音频、字幕文件等，本书便是采用 DaVinci Resolve 16 软件编写。

　　本书引用了大量本人使用无人机航拍的视频作为素材，突破角度与构图的限制，无论是就近拍摄，还是飞行万里的拍摄，无人机航拍器都已经成为我的主力拍摄工具，慢慢地我似乎已经成为专业航拍摄影师。

　　不知有多少个早晨，我的无人机穿越上海高空的平流雾，拍摄到只属于仙境的景色；不知道有多少个傍晚，我的无人机穿越晚霞，拍摄到不属于地面的色彩，我遵守飞行的安全制度、遵守底线，依旧为画面插上了翅膀，感动了、震撼了无数人，让他们也能够欣赏到这些不属于地面的风景。

　　在此期间，我接受过官方媒体的采访（新闻晨报），并通过今日头条 App（作者：航拍的世界）、抖音 App（作者：Shawn.Wang）、新片场 App 以及天空之城等新媒体平台宣传我的作品，并且取得了千万级别的阅读量，百万级别的点赞量。自己的作品不但得到了推广，也让观众更加热爱自己所在城市的美景。

　　在拍摄过程中，由于天气、环境、设备性能等因素，会使得拍摄到的画面色彩失真，与现实色彩不符，或者拍摄的视频画面色彩不好看，这是很多摄影师经常会遇到的问题，此时便需要我们对拍摄的素材进行后期调色，还原现实色彩或为素材画面添加风格化的处理效果。

　　因此，从另一个角度来看，我既是摄影师，又是调色师。当我是摄影师的时候，我需要有一双发现美的眼睛，利用摄影机和无人机航拍器将一切美的场景画面记录下来，并且在拍摄前期，需要对设备进行亮度、曝光等细节的调整，这样在后期进行调色时才更容易；当我作为调色师时，需要运用我的审美，从艺术的角度去分析和设想图像画面的色调风格，并使用达芬奇来实现我的设想。

有读者要问了，如何才能调出好看的图像画面呢？

每个人对美的观感不同、表达方式也不同，对于自己需要进行调色的影视作品，有着自己的色彩评判标准，关键在于如何理性调色。怎么才算是一幅好看的图像画面？

在人的视觉世界中，色彩是情感的象征，例如：红色代表热情、蓝色代表忧郁、绿色代表活力、黑色代表恐惧等，我认为能够表达创作人的情绪、传达图像意境、让观看影片的观众产生情感共鸣或者让大家感受到良好的视觉效果，这样的图像画面都能称其为"好看"。

而达芬奇就是一款可以帮助用户通过色彩向观众传达情感、情绪、意境的调色软件，达芬奇调色软件是基于图像素材的 RGB 色彩数据进行调色的，具备 RGB 混合器、色轮、色彩匹配、曲线映射、限定器、蒙版窗口等功能，调色系统非常完善、全面，因此大家可以大胆设计、创作，释放自己的调色天赋，制作出更多精彩的视频效果。

有幸，我将自己的调色技巧与经验荟萃成一本影视调色完全自学教程，与大家一起分享。本书共分为 12 章，第 1 章主要带领大家快速入门，熟悉达芬奇软件；第 2 章和第 3 章主要帮助读者掌握软件的基本操作和调整剪辑素材文件；第 4 章~第 7 章主要为大家介绍如何应用软件功能对素材画面进行调色；第 8 章和第 9 章为大家介绍的是如何为素材文件添加转场和字幕效果；第 10 章主要介绍在达芬奇软件中如何渲染输出调色后的成品视频；第 11 章和第 12 章是两个专题案例，向读者系统地介绍如何为人像视频调色、并制作旅游广告等内容。

本书具有以下五大特色：

01 **内容较为全面翔实：** 10 章软件技巧精解 +2 章专题实战案例 +50 个专家提醒放送 +1 150 多张图片全程图解，通俗易懂，帮助用户从零开始逐渐进阶为调色高手。

02 **技巧含金量较高：** 本书理论与实例相结合，精选了 110 多个实例技能，包括软件的基本操作、素材剪辑、一级调色、二级调色、色彩校正、风格化处理、特效添加以及输出交付等内容，帮助读者从新手入门到后期精通，招招干货，全面吸收。

03 **突破语言障碍：** 本书为中文版达芬奇调色图书，打破语言障碍，对软件的工具、按钮、菜单、命令等内容进行详细解说，帮助读者快速精通软件。

04 **超值资源赠送：** 随书附赠 410 多款与书中同步的素材与效果源文件、130 多个达芬奇常用的快捷键以及 220 多分钟语音演示视频，重现书中几乎所有实例操作，读者在学习本书内容的过程中可以随调随用，帮助读者高效学习，提升实战经验。

05 **作者软件经验较丰富：** 本人使用 DaVinci Resolve 达芬奇影视调色软件多年，用过 DaVinci Resolve11、12、14、15、16 等多个版本，同时也是 8KRAW 签约摄影师、视觉中国签约摄影师、上海环球金融中心签约摄影师、《无人机摄影与摄像技巧大全》作者，目前的航拍视频均使用达芬奇进行调色和制作特效，经验较为丰富。

感谢购买本书的读者，希望本书能够帮助您解决学习中的难题，提高调色技能，快速成为达芬奇后期调色高手。

王肖一

2020 年 6 月

第 1 章 | 快速入门：
熟悉 DaVinci Resolve

**第 2 章　基础进阶：
掌握软件的基本操作**

第 3 章 | 素材剪辑：调整与编辑项目文件

第 4 章 初步粗调：
对画面进行一级调色

第 5 章　认真细调：对局部进行二级调色

第 6 章 | 提高进阶：通过节点对视频调色

第7章 高级应用：使用 LUT 及影调调色

第8章 | 精彩转场：
制作视频的转场特效

第9章 | 丰富字幕：
制作视频的字幕效果

第 10 章　最后输出：渲染与导出成品视频

第 11 章 | 制作人像视频 ——多彩女人

第 12 章 | 制作旅游广告 ——中国美景

第1章 快速入门：熟悉 DaVinci Resolve

学习提示

DaVinci Resolve 又称达芬奇，是一款专业的影视调色剪辑软件，为用户提供了多种视频编辑功能与效果，可用于视频调色、剪辑、合成以及制作专业音频、字幕文件等，是最常用的视频编辑软件之一。本章主要介绍 DaVinci Resolve 16 的功能及面板等内容，帮助读者快速熟悉 DaVinci Resolve 16 软件。

1.1 影视调色主要调什么

色彩在影视视频的编辑中是必不可少的一个重要元素，合理的色彩搭配加上靓丽的色彩感总能为视频增添几分亮点。由于素材在拍摄和采集的过程中，经常会遇到一些难以控制的环境光照，使拍摄出来的源素材色感欠缺、层次不明。因此，需要用户通过后期调色来调整前期拍摄的不足。那么，影视调色主要调什么呢？下面向大家介绍影视调色的基本内容。

1.1.1 调整画面对比度

对比度是指图像中阴暗区域最亮的白与最暗的黑之间不同亮度范围的差异。下面介绍调整画面对比度的操作方法。

实战精通——美丽天空

步骤01 进入"**剪辑**"步骤面板，在"**时间线**"面板中插入一幅图像素材，如图 1-1 所示。

步骤02 在预览窗口中可以预览插入的素材图像效果，如图 1-2 所示。

■图 1-1 插入一幅素材图像　　　　■图 1-2 预览图像效果

步骤03 切换至"**调色**"步骤面板，进入"**色轮**"面板，选中"**对比度**"数值框，输入参数为 1.500，如图 1-3 所示。

步骤04 执行上述操作后，在预览窗口中，即可预览调整对比度后的图像效果，如图 1-4 所示。

■图 1-3　输入参数

■图 1-4　预览图像效果

1.1.2　调整画面饱和度

饱和度是指色彩的鲜艳程度，是由颜色的波长来决定的。简单来讲，色彩的亮度越高，颜色就越淡；反之，亮度越低，颜色就越重，并最终表现为黑色。从色彩的成分来讲，饱和度取决于色彩中含色成分与消色成分之间的比例。含色成分越多，饱和度则越高；反之，消色成分越多，则饱和度越低。下面介绍调整画面饱和度的操作方法。

实战精通——创意空间

步骤01　进入"**剪辑**"步骤面板，在"**时间线**"面板中插入一幅图像素材，如图 1-5 所示。

步骤02　在预览窗口中可以预览插入的素材图像效果，如图 1-6 所示。

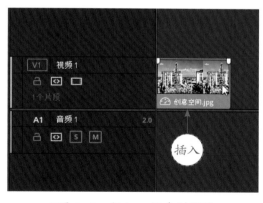

■图 1-5　插入一幅素材图像

■图 1-6　预览图像效果

步骤03　切换至"**调色**"步骤面板，进入"**色轮**"面板，选中"**饱和度**"数值框，输入参数为 80.00，如图 1-7 所示。

步骤04　执行上述操作后，在预览窗口中，即可预览调整饱和度后的图像效果，如图 1-8 所示。

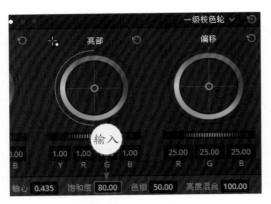

■图 1-7　输入参数　　　　　　　　　　　■图 1-8　预览图像效果

1.1.3　调整画面白平衡和色温

　　白平衡是指红、绿、蓝三基色混合生成后的白色平衡指标，通过调整色温参数，可以控制调整白平衡，还原图像色彩。下面介绍调整画面白平衡和色温的操作方法。

　　实战精通——水中倒影

　　步骤01　进入"**剪辑**"步骤面板，在"**时间线**"面板中插入一幅图像素材，如图 1-9 所示。

　　步骤02　在预览窗口中可以预览插入的素材图像效果，如图 1-10 所示。

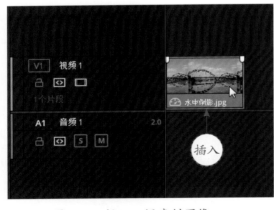

■图 1-9　插入一幅素材图像　　　　　　　■图 1-10　预览图像效果

　　步骤03　切换至"**调色**"步骤面板，进入"**色轮**"面板，选中"**色温**"数值框，输入参数为 -800.0，如图 1-11 所示。

　　步骤04　执行上述操作后，在预览窗口中，即可预览调整白平衡和色温后的图像效果，如图 1-12 所示。

■图1-11 输入参数

■图1-12 预览图像效果

专家指点

除了通过修改色温参数来调整画面白平衡外，用户还可以通过以下两种方式调整画面：

❶ 白平衡：单击"白平衡"吸管工具✐，鼠标指针即变为白平衡吸管样式✐，在预览窗口中的素材图像上单击鼠标左键，吸取画面中白色或灰色的色彩偏移画面，即可调整画面白平衡。

❷ 自动平衡：单击"自动平衡"按钮Ⓐ，即可一键自动调整画面白平衡效果。

1.1.4 替换画面中的局部色彩

替换画面中的局部色彩是指通过调整红、绿、蓝三基色参数，将素材中的画面色彩进行颜色替换，达到色彩转换的效果。下面介绍替换画面中的局部色彩的操作方法。

实战精通——美丽花朵

步骤 01 进入"**剪辑**"步骤面板，在"**时间线**"面板中插入一幅图像素材，如图1-13所示。

步骤 02 在预览窗口中可以预览插入的素材图像效果，如图1-14所示。

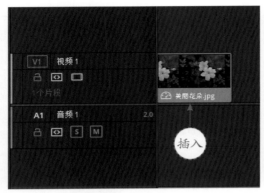

■图 1-13　插入一幅素材图像

■图 1-14　预览图像效果

步骤 03　切换至"**调色**"步骤面板，进入"**RGB 混合器**"面板，在"**红色输出**"通道中，向上拖动红色滑块，直至参数显示为 1.51，如图 1-15 所示。

步骤 04　执行上述操作后，在预览窗口中，即可预览替换画面中的局部色彩后的图像效果，如图 1-16 所示。

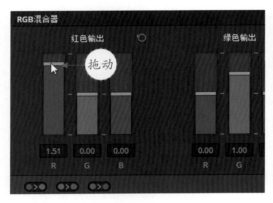

■图 1-15　拖动滑块

■图 1-16　预览图像效果

1.1.5　对画面进行去色或单色处理

对画面进行去色或单色处理主要是将素材画面转换为灰度图像，制作黑白图像效果，下面介绍对画面进行去色，一键将画面转换为黑白色的操作方法。

实战精通——甜美女孩

步骤 01　进入"**剪辑**"步骤面板，在"**时间线**"面板中插入一幅图像素材，如图 1-17 所示。

步骤 02　在预览窗口中可以预览插入的素材图像效果，如图 1-18 所示。

■图 1-17　插入一幅素材图像　　　　　■图 1-18　　预览图像效果

步骤03　切换至"**调色**"步骤面板，进入"**RGB 混合器**"面板，在面板下方选中"**黑白**"复选框，如图 1-19 所示。

步骤04　执行上述操作后，在预览窗口中，即可预览制作的黑白图像画面效果，如图 1-20 所示。

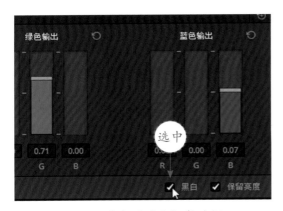

■图 1-19　选中"黑白"复选框　　　　■图 1-20　　预览图像效果

1.1.6　调整画面的整体色调

在达芬奇软件中的调色步骤面板中，用户可以在需要制作特殊的颜色偏移效果时，通过调整红、绿、蓝三基色参数值，调整图像画面整体偏红、偏绿、偏蓝等色调，为图像整体调色，也可以用同样的方法消除偏色画面，下面介绍具体的操作方法。

实战精通——高楼大厦

步骤01　进入"**剪辑**"步骤面板，在"**时间线**"面板中插入一幅图像素材，如图 1-21 所示。

步骤 02 在预览窗口中可以预览插入的素材图像效果，如图 1-22 所示。

■ 图 1-21　插入一幅素材图像　　　　　■ 图 1-22　预览图像效果

步骤 03 切换至"**调色**"步骤面板，进入"**RGB 混合器**"面板，在"**蓝色输出**"通道中，向上拖动蓝色滑块，直至参数显示为 2，在"**红色输出**"通道中，向下拖动红色滑块，直至参数显示为 0.74，如图 1-23 所示。

步骤 04 执行上述操作后，在预览窗口中，即可预览调整画面色调整体偏蓝后的图像效果，如图 1-24 所示。

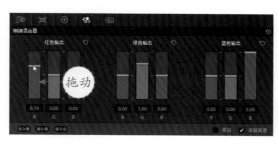

■ 图 1-23　拖动滑块　　　　　　　　　■ 图 1-24　预览图像效果

1.2 启动与退出 DaVinci Resolve 16

　　用户在学习 DaVinci Resolve 16 之前，需要对软件的系统配置有所了解，以及掌握软件的安装、启动与退出方法，这样才有助于更进一步地学习该软件。本节主要介绍如何安装、启动与退出 DaVinci Resolve 16 软件的操作方法。

1.2.1　开始使用：启动 DaVinci Resolve 16

使用 DaVinci Resolve 16 对素材进行调色之前，首先需要掌握 DaVinci Resolve 16 应用程序。下面介绍启动 DaVinci Resolve 16 的操作方法。

实战精通——启动 DaVinci Resolve 16

步骤01　在桌面上的达芬奇快捷方式图标上双击鼠标左键，如图 1-25 所示。

步骤02　执行操作后，进入 DaVinci Resolve 16 启动界面，如图 1-26 所示。

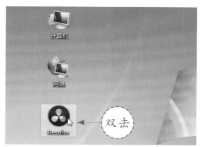

■图 1-25　双击图标

■图 1-26　进入启动界面

步骤03　稍等片刻，弹出项目管理器，双击"**未命名项目**"图标，如图 1-27 所示。

■图 1-27　双击"未命名项目"图标

步骤04　打开软件界面，进入 DaVinci Resolve 16 工作界面，如图 1-28 所示。

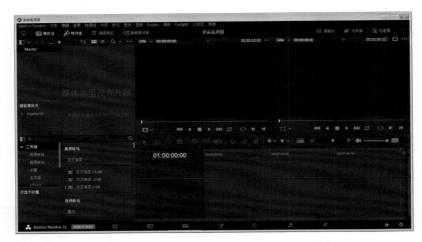

■ 图 1-28　进入 DaVinci Resolve 16 工作界面

1.2.2　结束使用：退出 DaVinci Resolve 16

当用户运用 DaVinci Resolve 16 完成调色后，为了节约系统内存空间，提高系统运行速度，此时可以退出 DaVinci Resolve 16 应用程序。下面介绍退出 DaVinci Resolve 16 的操作方法。

实战精通——退出 DaVinci Resolve 16

步骤01 进入达芬奇"**剪辑**"步骤面板，执行菜单栏中的 DaVinci Resolve ｜"**退出 DaVinci Resolve**"命令，如图 1-29 所示。

步骤02 执行上述操作后，即可退出 DaVinci Resolve 16。

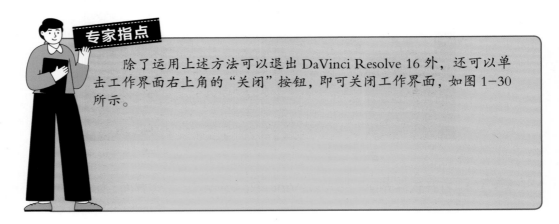

专家指点

　　除了运用上述方法可以退出 DaVinci Resolve 16 外，还可以单击工作界面右上角的"关闭"按钮，即可关闭工作界面，如图 1-30 所示。

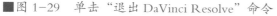

■图 1-29　单击"退出 DaVinci Resolve"命令　　　■图 1-30　单击"关闭"按钮

1.3 认识 DaVinci Resolve 16 的工作界面

　　DaVinci Resolve 是一款 Mac 和 Windows 都适用的应用软件，DaVinci Resolve 于 2019 年更新至 DaVinci Resolve 16 版本，虽然对系统的配置要求较高，但 DaVinci Resolve 16 有着强大的兼容性，还提供了多种操作工具，将剪辑、调色、特效、字幕、音频等实用功能集于一身，是许多剪辑师、调色师都十分青睐的影视后期剪辑软件之一。本节主要向大家介绍 DaVinci Resolve 16 的工作界面，如图 1-31 所示为 DaVinci Resolve 16 剪辑工作界面。

■图 1-31　DaVinci Resolve 16 剪辑工作界面

1.3.1　认识媒体池

在 DaVinci Resolve 16 剪辑界面左上角的工具栏中，单击"**媒体池**"按钮 ▣ 媒体池，即可展开"**媒体池**"工作面板，其中显示了添加的媒体素材以及媒体素材管理文件夹，如图 1-32 所示。在下方的步骤面板中，单击"**媒体**"按钮 ▣，即可切换至媒体界面，该界面中的"**媒体池**"如图 1-33 所示。两个界面中的"**媒体池**"是可通用的。

■图 1-32　剪辑界面："媒体池"面板　　　　■图 1-33　媒体界面："媒体池"面板

1.3.2　认识特效库

在剪辑界面左上角的工具栏中，单击"**特效库**"按钮 ✦ 特效库，即可展开"**特效库**"工作面板，其中为用户提供了转场、滤镜、字幕、音效、生成器等特效，如图 1-34 所示。

1.3.3　认识元数据

在剪辑界面右上角的工具栏中，单击"**元数据**"按钮 ⧉ 元数据，即可展开"**元数据**"工作面板，其中显示了媒体素材的时长、帧率、位深、数据级别、尺寸大小、格式等数据信息，如图 1-35 所示。

■图 1-34　特效库面板　　　　　　　　　■图 1-35　元数据面板

1.3.4 认识检视器

在 DaVinci Resolve 16 剪辑界面中，单击"**检视器**"面板右上角的单屏▢按钮，即可使预览窗口以单屏显示，此时单屏按钮转换为双屏按钮▢▢。

在系统默认的情况下，"**检视器**"面板的预览窗口以双屏显示，如图 1-36 所示。左侧的屏幕为媒体池素材预览窗口，用户在选择的素材上双击鼠标左键，即可在媒体池素材预览窗口中显示素材画面；右侧的屏幕为时间线效果预览窗口，拖动时间线滑块，即可在时间线效果预览窗口中显示滑块所到之处的素材画面。

■图 1-36 "检视器"面板

在导览面板中单击相应按钮，用户可以执行变换、剪切、缩放、标注、多机位、快进播放、正反方向播放、停止播放、循环播放、标记出入点等操作。

1.3.5 认识时间线

"**时间线**"面板是 DaVinci Resolve 16 中进行视频、音频编辑的重要工作区之一，如图 1-37 所示，在面板中可以轻松实现对素材的剪辑、插入、调整以及添加关键帧等操作。

■图 1-37 "时间线"面板

1.3.6 认识字幕面板

在"**特效库**"工作面板中，选择"**字幕**"特效并拖动至时间线中，添加一个标题字幕，在剪辑界面右上角，即可展开"**字幕**"工作面板，在其中有"**字幕**"和"**轨道风格**"两个选项面板，如图 1-38 所示。

  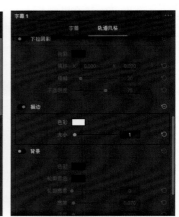

"字幕"选项面板　　　　　　　　　　　　　"轨道风格"选项面板

■图 1-38　"字幕"工作面板

在"**字幕**"选项面板中，用户可以输入更改字幕内容、调整字幕区间时长、添加多个字幕等。在"**轨道风格**"选项面板中，用户可以设置添加的字幕字体、大小、间距、色彩、对齐方式、阴影、描边、背景等属性。

1.3.7 认识音频界面

在 DaVinci Resolve 16 下方的步骤面板中，单击 Fairlight 按钮 ♫，即可切换至音频界面，在其中用户可以根据需要调整音频效果，如图 1-39 所示。

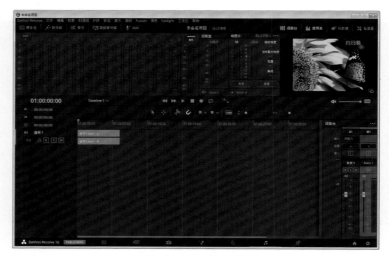

■图 1-39　音频界面

1.3.8 认识调音台

在 DaVinci Resolve 16 工作界面右上角的工具栏中，单击"**调音台**"按钮 ，即可展开"**调音台**"工作面板，在其中用户可以执行编组音频、调整声像、动态音量等操作，如图 1-40 所示。

1.3.9 认识调色界面

DaVinci Resolve 16 中的调色系统，是该软件的特色功能，在 DaVinci Resolve 16 工作界面下方的步骤面板中，单击"**调色**"按钮，切换至"**调色**"工作界面，如图 1-41 所示。

■图 1-40　调音台　　　　　　　　■图 1-41　调色工作界面

在调色工作界面中，提供了 Camera Raw、色彩匹配、色轮、RGB 混合器、运动特效、曲线、限定器、窗口、跟踪器、模糊、关键帧、示波器等功能面板，用户可以在相应面板中对素材进行色彩调整、一级调色、二级调色、降噪等操作，最大限度满足用户对影视素材的调色需求。

专家指点

　　本书采用 DaVinci Resolve 16 软件编写，请用户一定要使用同版本软件。直接打开随书附赠的效果时，会出现音频、视频、图像等素材丢失的情况，这是因为每个用户安装的素材与效果文件的路径不一致，使素材位置发生了改变，这属于正常现象，用户只需要选中需要找回的素材文件，单击鼠标右键，在弹出的快捷菜单中，选择"重新链接选中片段"选项，弹出相应对话框，找到素材和效果保存的文件夹，重新链接素材即可，第一次链接成功后，就将文件进行保存，后面打开就不需要再重新链接了。

　　当用户打开项目，重新链接素材出现格式错误时，请一定要根据提示信息选择原来的素材图片，格式也一定要与原来相符，素材文件一定要保存至电脑除 C 盘外的内存盘中，在解压后的文件上单击鼠标右键，在弹出的快捷菜单中选择"属性"选项，弹出相应对话框，取消选中"只读"复选框，以防链接项目素材时操作错误导致失败。

第2章 基础进阶: 掌握软件的基本操作

学习提示

DaVinci Resolve 16 有着丰富的效果和强大的功能，在开始学习这款软件之前，读者应该积累一定的基础入门知识，这样有助于后面的学习。本章主要介绍 DaVinci Resolve 16 的基本操作，帮助用户更好地掌握软件。

2.1 掌握项目文件的基本操作

使用 DaVinci Resolve 16 编辑影视文件，需要创建一个项目文件才能对视频、照片、音频进行编辑，下面主要介绍 DaVinci Resolve 16 中项目的基本操作方法，包括新建项目、打开项目、保存项目、导入项目、导出项目等基础操作。

2.1.1 创建项目：新建一个工作项目

启动 DaVinci Resolve 16 后会弹出一个项目管理器面板，如图 2-1 所示。单击"**新建项目**"按钮，即可新建一个项目文件。此外，用户还可以在项目文件已创建的情况下，通过"**新建项目**"命令，创建一个工作项目，下面介绍具体操作步骤。

■图 2-1　项目管理器面板

实战精通——海岸风光

步骤 01 进入"**剪辑**"界面，单击菜单栏中的"**文件**"|"**新建项目**"命令，如图 2-2 所示。

步骤 02 弹出"**新建项目**"对话框，在文本框中输入项目名称，单击"**创建**"按钮，如图 2-3 所示。

■图 2-2　单击"新建项目"命令　　　　　　■图 2-3　单击"创建"按钮

专家指点

　　当用户正在编辑的文件没有进行保存操作时，在新建项目的过程中，会弹出提示信息框，提示用户当前编辑项目未被保存。单击"保存"按钮，即可保存项目文件；单击"不保存"按钮，将不保存项目文件；单击"取消"按钮，将取消项目文件的新建操作。

　　步骤03　在计算机文件夹中，选择需要的素材文件，并将其拖动至"**时间线**"面板中，添加素材文件，如图 2-4 所示。

　　步骤04　执行操作后，即可创建一个时间线，并在"**媒体池**"面板中显示添加的媒体素材，在预览窗口中可以预览添加的素材画面，如图 2-5 所示。

■图 2-4　拖动至时间线中　　　　　　　　■图 2-5　预览素材画面

2.1.2　媒体文件夹：新建一个文件夹

在 DaVinci Resolve 16 的"**媒体池**"面板中，媒体文件夹的主要作用是管理项目文件所需的素材文件，用户可以通过以下 4 种方法创建媒体文件夹。

菜单命令：单击菜单栏中的"**文件**"|"**新建媒体夹**"命令，即可在媒体池中新建一个文件夹，如图 2-6 所示。用户可以在文件夹右侧的空白处添加需要的素材文件。

■图 2-6　通过菜单命令新建文件夹

导航面板：在媒体池左侧导航面板的空白位置处单击鼠标右键，在弹出的快捷菜单中，选择 New Bin 选项，如图 2-7 所示。即可新增一个媒体文件夹。

快捷菜单：在媒体池中的空白位置处，单击鼠标右键，在弹出的快捷菜单中，选择"**添加媒体夹**"选项，如图 2-8 所示。即可添加媒体文件夹。

■图 2-7　通过导航面板新增文件夹　　　　■图 2-8　通过快捷菜单添加媒体文件

项目管理器：在项目管理面板中的空白位置处单击鼠标右键，在弹出的快捷菜单中，选择"**新建文件夹**"选项，即可添加媒体文件夹。

2.1.3　打开项目：打开使用过的项目文件

在 DaVinci Resolve 16 中，当用户需要打开使用过的项目文件时，可以通过项目管理器面板打开项目，下面介绍具体操作步骤。

实战精通——古城石像

步骤01 在工作界面的右下角单击"**项目管理器**"按钮 🏠，如图 2-9 所示。

步骤02 弹出项目管理器面板，选中"**古城石像**"项目图标，双击鼠标左键，或单击鼠标右键，在弹出的快捷菜单中，选择"**打开**"选项，如图 2-10 所示。

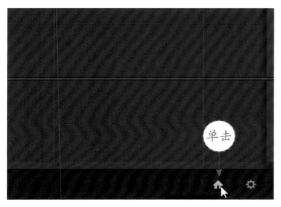

■图 2-9　单击"项目管理器"按钮　　　　■图 2-10　选择"打开"选项

步骤03 即可打开使用过的项目文件，在预览窗口中，可以查看打开的项目效果，如图 2-11 所示。

■图 2-11　查看打开的项目效果

2.1.4 保存项目：保存编辑完成的项目文件

在 DaVinci Resolve 16 中编辑视频、图片、音频等素材后，可以将正在编辑的素材文件及时保存，保存后的项目文件会自动显示在项目管理器面板中，用户可以在其中打开保存好的项目文件，继续编辑项目中的素材。下面介绍保存项目文件的操作方法。

实战精通——庭院风景

步骤01 打开一个项目文件，在预览窗口中可以查看打开的项目效果，如图 2-12 所示。

步骤02 待素材编辑完成后，单击"**文件**"|"**保存项目**"命令，如图 2-13 所示。执行操作后，即可保存编辑完成的项目文件。

■图 2-12 　查看打开的项目效果　　　　■图 2-13 　单击"保存项目"命令

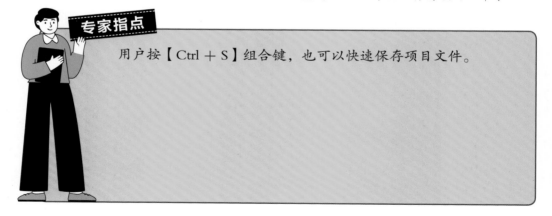

用户按【Ctrl + S】组合键，也可以快速保存项目文件。

2.1.5 导入项目：导入文件夹中的项目文件

在 DaVinci Resolve 16 中，通过单击"**文件**"|"**导入项目**"命令，可以在项目管理器中导入计算机中的项目文件，下面介绍具体的操作方法。

实战精通——最美雪乡

步骤01 打开一个项目文件，单击"**文件**"|"**导入项目**"命令，如图 2-14 所示。

步骤02 弹出"**导入项目文件**"对话框，在文件夹中选择需要导入的项目文件，如图 2-15 所示。双击鼠标左键或单击下方的"**打开**"按钮，即可导入项目。

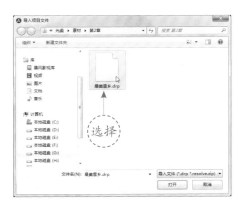

■图 2-14 单击"导入项目"命令　　　　　　■图 2-15 选择项目文件

步骤03 在工作界面中，单击"**项目管理器**"按钮，打开"**项目管理器**"面板，在其中选择导入的项目，如图 2-16 所示。

步骤04 双击鼠标左键，打开导入的项目，在工作界面的预览窗口中，可以查看项目效果，如图 2-17 所示。

■图 2-16 选择导入的项目　　　　　　■图 2-17 查看导入的项目效果

2.1.6 导出项目：导出编辑完成的项目文件

用户在将项目编辑完成后，可以将项目文件导出到指定的文件夹中，方便用户存档和后期编辑整理，下面介绍具体的操作方法。

实战精通——浪漫情调

步骤01 打开一个项目文件，在"**时间线**"面板中添加一个视频文件，在预览窗口中，可以查看添加的视频效果，如图 2-18 所示。

■图 2-18 预览添加的视频效果

步骤02 单击"**文件**"|"**导出项目**"命令，如图 2-19 所示。

步骤03 弹出"**导出项目文件**"对话框，在文件夹中设置保存位置和名称，然后单击"**保存**"按钮，如图 2-20 所示，执行操作后，即可将项目文件导出到指定的文件夹中。

■图 2-19 单击"导出项目"命令   ■图 2-20 单击"保存"按钮

2.2 软件界面初始参数设置

用户安装好 DaVinci Resolve 16 后，首次打开软件时，需要对软件界面的初始参数进行设置，方便用户后期对软件的操作。本节主要向用户介绍如何设置软件界面的语言、项目帧率与分辨率等初始参数。

2.2.1　偏好设置：设置软件界面的语言

首次启动 DaVinci Resolve 16 时，软件界面的语言默认的是英文，为了方便用户操作，在偏好设置预设面板中，用户可以设置软件界面为简体中文。

在 User 选项面板中，展开 UI Settings 面板，单击 Language 右侧的下三角按钮，在弹出的下拉列表中，选择"**简体中文**"选项，如图 2-21 所示。执行操作后，单击 Save 按钮，重启 DaVinci Resolve 16 后，即可将界面语言设置为简体中文。

■图 2-21　选择"简体中文"选项

如果用户在打开软件后，需要再次打开偏好设置预设面板，可以在工作界面中，单击 DaVinci Resolve 命令，在弹出的快捷菜单中，选择"**偏好设置**"选项，如图 2-22 所示。执行操作后，即可打开偏好设置预设面板，如图 2-23 所示。

■图 2-22　选择"偏好设置"选项

■图 2-23　打开预设面板

2.2.2 项目设置：设置帧率与分辨率参数

在软件中用户可以通过"**文件**"|"**项目设置**"命令，打开"**项目设置**"对话框，在"**主设置**"选项卡中，可以设置时间线分辨率、像素宽高比、时间线帧率、回放帧率、视频格式、SD 配置、数据级别、视频位深、检视器缩放比例等，如图 2-24 所示为"项目设置：Untitled Project"对话框，用户可以在其中根据需要，设置帧率与分辨率参数。

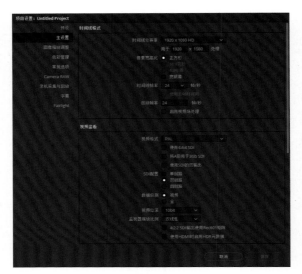

■图 2-24 "项目设置：Untitled Project"对话框

2.3 添加并导入媒体素材

在 DaVinci Resolve 16 的"媒体池"面板中，用户可以添加各种不同类型的素材。本节主要介绍导入照片素材、视频素材、音频素材以及字幕素材的操作方法。

2.3.1 添加视频：在媒体池中导入一段视频

在 DaVinci Resolve 16 中，用户可以将视频素材导入"**媒体池**"面板中，并将视频素材添加到时间线中，下面介绍具体的操作方法。

实战精通——春秋之景

步骤01 新建一个项目文件，在"**媒体池**"面板中单击鼠标右键，在弹出的快捷菜单中，选择"**导入媒体**"选项，如图 2-25 所示。

步骤02 弹出"**导入媒体**"对话框，在文件夹中选择需要导入的视频素材，如图 2-26 所示。

■图 2-25　选择"导入媒体"选项　　　　■图 2-26　选择视频素材

步骤03 双击鼠标左键或单击"**打开**"按钮，即可将视频素材导入"**媒体池**"面板中，如图 2-27 所示。

步骤04 选择"**媒体池**"面板中的视频素材，单击鼠标左键，将其拖动至"**时间线**"面板中的视频轨中，如图 2-28 所示。

■图 2-27　导入视频素材　　　　　■图 2-28　拖动视频至时间线

步骤05 执行上述操作后，按【空格】键即可在预览窗口中预览添加的视频素材，效果如图 2-29 所示。

■图 2-29　预览视频素材效果

2.3.2　添加音频：在媒体池中导入一段音频

在 DaVinci Resolve 16 中，通过菜单命令，可以将音频素材导入媒体池面板中，并将媒体素材添加到时间线中，下面介绍具体的操作方法。

实战精通——音频素材

步骤01　新建一个项目文件，单击"**文件**"|"**导入文件**"|"**导入媒体**"命令，如图 2-30 所示。

步骤02　弹出"**导入媒体**"对话框，在文件夹中，选择需要导入的音频素材文件，如图 2-31 所示。

■图 2-30　单击"导入媒体"命令　　　　■图 2-31　选择音频素材

步骤03　双击鼠标左键或单击"**打开**"按钮，即可将音频素材导入媒体池，如图 2-32 所示。

步骤04　选择"**媒体池**"面板中的音频素材，将其拖动至"**时间线**"面板中的音频轨上，如图 2-33 所示。执行操作后，即可完成导入音频素材的操作。

■图 2-32　导入音频素材

■图 2-33　拖动音频至音频轨中

2.3.3　添加图片：在媒体池中导入一张图片

在 DaVinci Resolve 16 中，通过拖动的方式，可以将图片素材导入"**媒体池**"面板中，并将媒体素材添加到时间线中，下面介绍具体的操作方法。

实战精通——白色雏菊

步骤01　新建一个项目文件，在计算机文件夹中，选择一张图片素材，并拖动至"**媒体池**"面板中，如图 2-34 所示，执行操作后，即可在"**媒体池**"面板中导入一张图片。

步骤02　选择"**媒体池**"面板中的图片素材，将其拖动至"**时间线**"面板的视频轨中，在预览窗口中可以查看添加的图片素材效果，如图 2-35 所示。

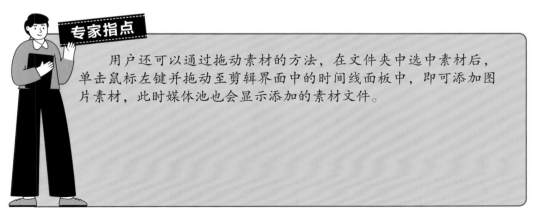

专家指点

　　用户还可以通过拖动素材的方法，在文件夹中选中素材后，单击鼠标左键并拖动至剪辑界面中的时间线面板中，即可添加图片素材，此时媒体池也会显示添加的素材文件。

■图 2-34　拖动图片素材　　　　　　　■图 2-35　查看添加的图片素材效果

2.3.4　添加字幕：在媒体池中导入一段字幕

在 DaVinci Resolve 16 中，用户可以将字幕素材导入"**媒体池**"面板中，并将字幕素材添加到时间线中，下面介绍具体的操作方法。

实战精通——动漫画面

步骤01　打开一个项目文件，在预览窗口中，可以查看项目效果，如图 2-36 所示。

步骤02　在"**媒体池**"面板中，单击鼠标右键，在弹出的快捷菜单中，选择"**导入字幕**"选项，如图 2-37 所示。

■图 2-36　查看项目效果　　　　　　　■图 2-37　选择"导入字幕"选项

步骤03　弹出"**选择要导入的文件**"对话框，在文件夹中选择需要导入的字幕素材，如图 2-38 所示。

步骤04　双击鼠标左键或单击"**打开**"按钮，即可将字幕素材导入"**媒体池**"面板中，如图 2-39 所示。

步骤 05 在时间线左侧的轨道面板中的空白位置处，单击鼠标右键，在弹出的快捷菜单中，选择"**添加字幕轨道**"选项，如图 2-40 所示。

步骤 06 执行操作后，即可添加一条字幕轨道，如图 2-41 所示。

■图 2-38 选择字幕素材

■图 2-39 导入字幕素材

■图 2-40 选择"添加字幕轨道"选项

■图 2-41 添加一条字幕轨道

步骤 07 选择"**媒体池**"面板中的字幕素材，单击鼠标左键，将其拖动至"**时间线**"面板中的字幕轨中，如图 2-42 所示。

步骤 08 执行上述操作后，按【空格】键即可在预览窗口中播放添加的视频素材，效果如图 2-43 所示。

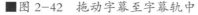

■图 2-42　拖动字幕至字幕轨中

■图 2-43　预览视频素材效果

2.4　时间线与轨道的管理

　　在达芬奇的"时间线"面板中，提供了插入与删除轨道的功能，用户可以在时间线轨道面板中，单击鼠标右键，在弹出的快捷菜单中，选择相应的选项，可以直接对轨道进行添加或删除等操作，本节主要向读者介绍管理时间轴轨道的方法。

2.4.1　管理时间线：控制时间线的视图尺寸

　　在达芬奇工作界面中，在未进行编辑操作时，"**时间线**"面板中显示为空白，如图 2-44 所示。用户可以通过以下两种方式添加时间线。

　　拖动素材：用户可以在"**媒体池**"面板中选择一个导入的素材文件或在计算机文件夹中选择一个素材文件，直接拖动至"**时间线**"面板中，即可添加生成时间线轨道面板。

　　快捷菜单：在"**媒体池**"面板中的空白位置处，单击鼠标右键，在弹出的快捷菜单中选择"**时间线**"|"**新建时间线**"选项，如图 2-45 所示。即可生成时间线轨道面板。

　　在时间线轨道面板中，通过调整轨道大小，可以控制时间线显示的视图尺寸，下面介绍具体的操作方法。

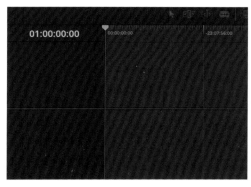

■图 2-44 "时间线"面板显示为空白

■图 2-45 选择"新建时间线"选项

实战精通——寒冰料峭

步骤01 打开一个项目文件，将鼠标移至轨道面板的轨道线上，此时鼠标指针呈双向箭头形状，如图 2-46 所示。

步骤02 单击鼠标左键向上拖动，即可调整"**时间线**"面板中的视图尺寸，如图 2-47 所示。

■图 2-46 移动鼠标至轨道线上

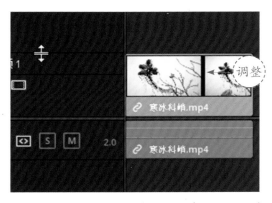

■图 2-47 调整"时间线"面板中的视图尺寸

2.4.2 调整轨道：设置轨道素材的显示选项

在"**时间线**"面板的工具栏中，用户可以为时间线轨道中的素材设置显示方式，下面介绍具体的操作方法。

实战精通——林中风景

步骤01 打开一个项目文件，轨道素材显示如图 2-48 所示。

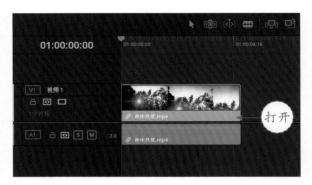

■图 2-48　轨道素材显示

步骤02 在预览窗口中，可以查看项目效果，如图 2-49 所示。

■图 2-49　查看项目效果

步骤03 在"时间线"面板的工具栏中单击"时间线显示选项"按钮█，如图 2-50 所示。

步骤04 在弹出的下拉菜单中，单击 Video View Options 选项区中的第 3 个图标按钮█，如图 2-51 所示。

■图 2-50　单击"时间线显示选项"按钮　　　　■图 2-51　单击第 3 个图标按钮

步骤05 执行操作后，即可使轨道中的素材不显示图像，仅显示名称，如图 2-52 所示。

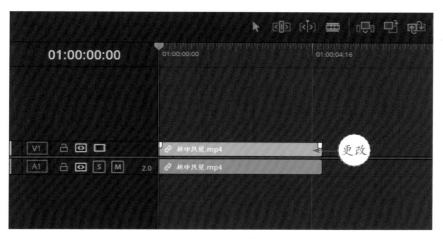

■图 2-52 更改轨道素材显示方式

2.4.3 控制轨道：禁用与激活轨道信息

在时间线轨道面板中，用户可以禁用或激活时间线轨道中的素材文件，下面介绍具体的操作方法。

实战精通——大好河山

步骤 01 打开一个项目文件，进入达芬奇"**剪辑**"步骤面板，在预览窗口中可以查看打开的项目效果，如图 2-53 所示。

■图 2-53 查看打开的项目效果

步骤 02 在轨道面板中，单击视频轨道禁用图标按钮██，即可禁用视频轨道上的素材，如图 2-54 所示。

步骤 03 执行上述操作后，预览窗口中的画面将无法进行播放，再次单击该图标按钮██，即可激活轨道素材信息，如图 2-55 所示。

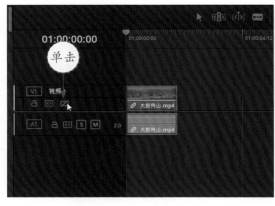

■图 2-54　禁用轨道素材　　　　　　　　　　■图 2-55　激活轨道素材

2.4.4　设置轨道：更改轨道的显示颜色

在达芬奇"**时间线**"面板中，视频轨道上的素材默认显示为浅蓝色，用户可以通过设置轨道面板，更改轨道上素材的显示颜色，下面介绍具体的操作方法。

实战精通——航行海上

步骤01　打开一个项目文件，在"**时间线**"面板中，可以查看视频轨道上素材显示的颜色，如图 2-56 所示。

步骤02　在视频轨道面板上，单击鼠标右键，在弹出的快捷菜单中，选择"**更改轨道色彩**"|"**橘黄**"选项，如图 2-57 所示。

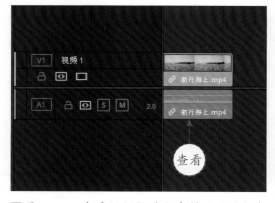

■图 2-56　查看视频轨道上素材显示的颜色　　　■图 2-57　选择"橘黄"选项

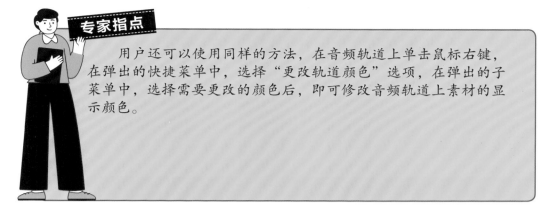

专家指点

用户还可以使用同样的方法，在音频轨道上单击鼠标右键，在弹出的快捷菜单中，选择"更改轨道颜色"选项，在弹出的子菜单中，选择需要更改的颜色后，即可修改音频轨道上素材的显示颜色。

步骤03 执行上述操作后，即可更改轨道上素材显示的颜色，如图 2-58 所示。

■图 2-58 更改轨道上素材显示的颜色

2.4.5 修改轨道：修改轨道的标题名称

在达芬奇"**时间线**"面板中，用户还可以修改轨道的标题名称，用户在修改名称前，可以先在记事本中输入需要修改的标题名称，下面介绍具体的操作方法。

实战精通——波光粼粼

步骤01 在记事本中输入并复制标题名称，打开一个项目文件，在时间线轨道面板中双击标题名称，即可使名称呈编辑模式，如图 2-59 所示。

步骤02 按【Ctrl + V】组合键，将复制的内容进行粘贴，即可修改轨道的标题名称，如图 2-60 所示。

■图 2-59　双击标题名称　　　　　　　　　　■图 2-60　修改轨道的标题名称

专家指点

　　这里需要注意的是，在轨道面板中，标题名称处无法直接用输入法输入中文名称，用户可以输入英文或数字，如果是中文名称，需要打开一个记事本或在 Word 文档中输入标题并复制，待粘贴后，即可修改标题名称。

第3章

素材剪辑：
调整与编辑项目文件

学习提示

　　在 DaVinci Resolve 16 中，用户可以对素材进行相应的编辑，使制作的影片更为生动、美观。在本章中主要介绍播放素材、复制素材、插入素材、剪辑素材、标记素材、断开素材、锁定素材、吸附素材、替换素材、覆盖素材、叠加素材、适配填色等内容。通过本章的学习，用户可以熟练编辑、调整各种媒体素材。

3.1 素材文件的基本操作

在 DaVinci Resolve 16 中，用户需要了解并掌握素材文件的基本操作，包括播放素材、复制素材、插入素材等内容。

3.1.1 播放素材：在检视器中播放视频文件

在达芬奇"**剪辑**"步骤面板中的"**检视器**"面板中，用户可以通过单击导览面板中的按钮，在"**检视器**"面板中播放视频文件，如图 3-1 所示为剪辑界面中的"**检视器**"面板。

■图 3-1 "检视器"面板

在导览面板中，各按钮含义如下。

❶ 停止并前往开始位置 ⏮：单击该按钮，可以快速停止播放，并跳转至开始位置处。

❷ 倒放 ◀：单击该按钮，即可从片尾方向开始播放素材。

❸ 停止 ■：单击该按钮，即可停止正在播放的素材。

❹ 正放 ▶：单击该按钮，即可从片头方向开始播放素材。

❺ 停止并前往最后一个位置 ⏭：单击该按钮，可以快速停止播放，并跳转素材至结束位置处。

❻ 循环 / 取消循环 🔁：单击该按钮，即可使播放的素材连续循环播放。

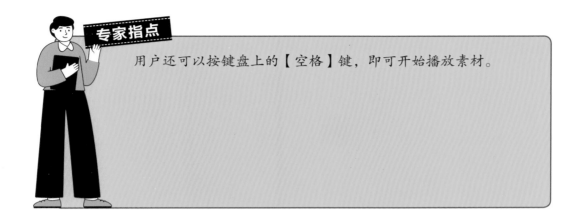

专家指点

用户还可以按键盘上的【空格】键，即可开始播放素材。

3.1.2　复制素材：对素材进行复制操作

在 DaVinci Resolve 16 中编辑视频效果时，如果一个素材需要使用多次，这时可以使用"**复制**"和"**粘贴**"命令来实现。下面向读者介绍复制素材文件的操作方法。

实战精通——碧海蓝天

步骤01 打开一个项目文件，进入达芬奇"**剪辑**"步骤面板，在预览窗口中可以查看项目效果，如图 3-2 所示。

步骤02 在"**时间线**"面板中，选中视频素材，如图 3-3 所示。

■图 3-2　查看项目效果　　　　　　■图 3-3　选中视频素材

步骤03 在菜单栏中单击"**编辑**"|"**复制**"命令，如图 3-4 所示。

步骤04 在"**时间线**"面板中，拖动时间指示器至相应位置，如图 3-5 所示。

■图 3-4　选中"复制"命令　　　　■图 3-5　移动时间指示器

专家指点

用户还可以通过以下两种方式复制素材文件：

快捷键：选择时间线面板中的素材，按【Ctrl + C】组合键，复制素材后，移动时间指示器至合适位置，按【Ctrl + V】组合键，即可粘贴复制的素材。

快捷菜单：选择"时间线"面板中的素材，单击鼠标右键，在弹出的快捷菜单中，选择"复制"选项，即可复制素材，然后移动时间指示器至合适位置，在空白位置处单击鼠标右键，在弹出的快捷菜单中选择"粘贴"选项，执行操作后，即可粘贴复制的素材。

步骤05 在菜单栏中，单击"**编辑**"|"**粘贴**"命令，如图 3-6 所示。

步骤06 执行操作后，在"**时间线**"面板中的时间指示器位置，粘贴复制的视频素材，此时时间指示器会自动移至粘贴素材的片尾处，如图 3-7 所示。

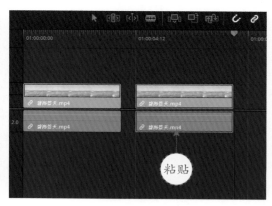

■图 3-6　选中"粘贴"命令　　　　■图 3-7　粘贴复制的视频素材

3.1.3 插入素材：在原素材中间插入新素材

在 DaVinci Resolve 16 中，支持用户在原素材中间插入新素材的功能，方便用户多向编辑素材文件，下面介绍具体的操作方法。

实战精通——水岸尽头

步骤01 打开一个项目文件，进入达芬奇"**剪辑**"步骤面板，移动时间指示器至 01:00:00:20 位置处，如图 3-8 所示。

步骤02 在"**媒体池**"面板中，选择"水岸尽头 1.mp4"视频素材，如图 3-9 所示。

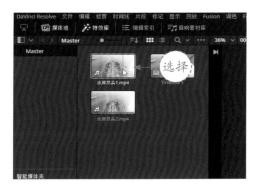

■图 3-8　移动时间指示器　　　　■图 3-9　选择视频素材

步骤03 在"**时间线**"面板的工具栏中，单击"**插入片段**"按钮🔲，如图 3-10 所示。

步骤04 执行上述操作后，即可将"**媒体池**"面板中的视频素材插入"**时间线**"面板的时间指示器位置处，如图 3-11 所示。

步骤05 将时间指示器移动至视频轨的开始位置处，在预览窗口中，单击"**正放**"按钮，查看视频效果，如图 3-12 所示。

■图 3-10　单击"插入片段"按钮　　　■图 3-11　插入视频素材

■图 3-12　查看视频效果

专家指点

　　将时间指示器移动至视频中间的任意位置，插入素材片段后，视频轨中的视频会在插入新的素材片段的同时分割为两段视频素材。

3.2　剪辑与调整素材文件

　　在 DaVinci Resolve 16 中，可以对视频素材进行相应的剪辑与调整，其中包括标记素材、断开素材、锁定素材、吸附素材以及替换素材等几种常用的视频素材剪辑方法。下面主要介绍剪辑与调整视频素材的具体操作方法。

3.2.1　剪辑素材：将素材分割成多个片段

　　在"时间线"面板中，用工具栏中的刀片工具 ▥ 即可将素材分割成多个素材片段，下面介绍具体的操作方法。

实战精通——海边美景

　　步骤01 打开一个项目文件，进入达芬奇"**剪辑**"步骤面板，如图 3-13 所示。

　　步骤02 在"**时间线**"面板中，单击"**刀片编辑模式**"按钮 ▥，如图 3-14 所示，此时鼠标指针变成了刀片工具图标 ▥。

■图 3-13　打开一个项目文件

■图 3-14　单击"刀片编辑模式"按钮

步骤03　在视频轨中，应用刀片工具，在视频素材上的合适位置处单击鼠标左键，即可将视频素材分割成两段，如图 3-15 所示。

步骤04　再次在其他合适的位置处单击鼠标左键，即可将视频素材分割成多个视频片段，如图 3-16 所示。

■图 3-15　分割两段视频素材

■图 3-16　分割多个视频素材

步骤05　将时间指示器移动至视频轨的开始位置处，在预览窗口中，单击"**正放**"按钮，查看视频效果，如图 3-17 所示。

■图 3-17　查看视频效果

3.2.2 标记素材：快速切换至标记位置

在达芬奇"**剪辑**"步骤面板中，标记主要用来记录视频中的某个画面，使用户更加方便地对视频进行编辑。下面向读者介绍添加标记并快速切换标记位置的操作方法。

实战精通——落日黄昏

步骤01 打开一个项目文件，进入达芬奇"**剪辑**"步骤面板，如图 3-18 所示。

步骤02 将时间指示器移动至 01:00:00:24 的位置处，如图 3-19 所示。

■图 3-18 打开一个项目文件　　　　　■图 3-19 移动时间指示器

步骤03 在"**时间线**"面板的工具栏中，单击"**标记**"下拉按钮，在弹出的下拉列表框中，选择"**蓝**"选项，如图 3-20 所示。

步骤04 执行操作后，即可在 01:00:00:24 的位置处，添加一个蓝色标记，如图 3-21 所示。

■图 3-20 选择"蓝"选项　　　　　■图 3-21 添加一个蓝色标记

步骤05 将时间指示器移动至 01:00:03:21 的位置处，如图 3-22 所示。

步骤06 用与上相同的方法，在 01:00:03:21 的位置处，再次添加一个蓝色标记，如图 3-23 所示。

■图 3-22　移动时间指示器

■图 3-23　再次添加一个蓝色标记

步骤07 将时间指示器移动至开始位置处，在时间标尺的任意位置处单击鼠标右键，在弹出的快捷菜单中，选择"**到下一个标记**"选项，如图 3-24 所示。

步骤08 执行操作后，即可切换至第一个素材标记处，如图 3-25 所示。

■图 3-24　选择"到下一个标记"选项

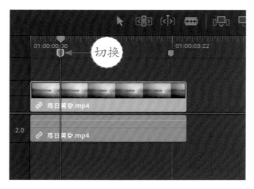

■图 3-25　再次添加一个蓝色标记

步骤09 在预览窗口中，即可查看第一个标记处的素材画面，如图 3-26 所示。

步骤10 用与上相同的方法，切换至第二个标记，并在预览窗口中查看第二个标记处的素材画面，如图 3-27 所示。

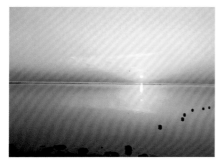

■图 3-26　查看第一个标记处的素材画面

■图 3-27　查看第二个标记处的素材画面

3.2.3 断开素材：断开视频与音频的链接

用户在应用达芬奇软件剪辑视频素材时，默认状态下，"**时间线**"面板中的视频轨和音频轨中的素材是绑定链接的状态，当用户需要单独对视频或音频文件进行剪辑操作时，用户可以通过断开链接片段，分离视频和音频文件，对其执行单独的操作。下面向读者介绍断开视频与音频链接的操作方法。

实战精通——都市夜景

步骤 01 打开一个项目文件，在预览窗口中可以查看打开的项目效果，如图 3-28 所示。

■图 3-28 打开一个项目文件

步骤 02 当用户选择"**时间线**"面板中的视频素材并移动位置时，可以发现视频和音频呈链接状态，且缩略图上显示了链接的图标，如图 3-29 所示。

步骤 03 选择"**时间线**"面板中的素材文件，单击鼠标右键，在弹出的快捷菜单中，取消选择"**链接片段**"选项，如图 3-30 所示。

■图 3-29 缩略图上显示了链接的图标　　■图 3-30 取消选择"链接片段"选项

步骤 04 执行操作后，即可断开视频和音频的链接，链接图标将不显示在缩略图上，如图 3-31 所示。

步骤 05 选择音频轨中的音频素材，单击鼠标左键并向右拖动，即可单独对音频文件执行操作，如图 3-32 所示。

■图 3-31　断开视频和音频的链接　　　　■图 3-32　单击鼠标左键并向右拖动

3.2.4　锁定素材：对轨道素材进行锁定操作

在"**时间线**"面板中，即使视频和音频处于链接状态，用户也可以通过锁定轨道来锁定其中一个轨道中的素材文件，然后对另一个轨道中的素材文件执行需要的剪辑操作。下面介绍对轨道素材进行锁定的操作方法。

实战精通——美丽城堡

步骤01 打开一个项目文件，在预览窗口中可以查看打开的项目效果，如图 3-33 所示。

■图 3-33　打开一个项目文件

步骤02 在"**时间线**"面板中，用户可以看到视频和音频处于链接状态，如图 3-34 所示。

步骤03 将鼠标移至轨道面板中的锁定图标上🔒，如图 3-35 所示。

步骤04 单击鼠标左键即可将视频轨道锁定，如图 3-36 所示。

步骤05 选择音频轨中的音频素材，单击鼠标左键并向右拖动，即可单独对音频文件执行操作，如图 3-37 所示。

■ 图 3-34　视频和音频处于链接状态

■ 图 3-35　移动鼠标至锁定图标上

■ 图 3-36　缩略图上显示了链接的图标

■ 图 3-37　取消选择"片段链接"选项

专家指点

用户还可以通过以下两种方式锁定素材文件：

菜单命令：在菜单栏中单击"时间线"｜"锁定轨道"命令，在弹出的子菜单中选择需要锁定的轨道选项即可，如图 3-38 所示。

工具按钮：在"时间线"面板的工具栏中，单击"锁定位置"按钮，如图 3-39 所示。即可将轨道中的素材文件锁定至当前所在位置。

■ 图 3-38　选择需要锁定的轨道选项

■ 图 3-39　单击"锁定位置"按钮

3.2.5 吸附素材：对素材进行吸附处理

在达芬奇中，当用户在"**媒体池**"面板中将素材文件拖动至时间线面板中时，很容易将前一段视频素材覆盖掉，用户可以通过吸附功能对素材进行吸附处理，吸附住前一段素材，使其紧贴在前一段素材的结束位置处，减少操作误差。下面介绍对素材进行吸附处理的操作方法。

实战精通——南浦大桥

步骤01 打开一个项目文件，进入"**剪辑**"步骤面板，在"**时间线**"面板的工具栏中，单击"**吸附**"按钮 ，如图 3-40 所示。

步骤02 在"**媒体池**"面板中，将素材依次拖动至"**时间线**"面板中，当将第 2 段视频素材拖动至第 1 段视频素材附近时，会自动吸附至第 1 段视频素材的结束位置处，如图 3-41 所示。

■图 3-40 单击"吸附"工具按钮　　　■图 3-41 自动吸附素材

步骤03 执行上述操作后，即可在预览窗口中预览添加的视频效果，如图 3-42 所示。

■图 3-42 预览添加的视频效果

■图 3-42　预览添加的视频效果（续）

3.2.6　替换素材：将素材替换成其他画面

在达芬奇"**剪辑**"步骤面板中编辑视频时，用户可以根据需要对素材文件进行替换操作，使制作的视频更加符合用户的需求。下面向读者介绍替换素材文件的操作方法。

实战精通——昼夜交替

步骤01　打开一个项目文件，如图 3-43 所示。

步骤02　在视频轨中，选择需要替换的素材文件，如图 3-44 所示。

■图 3-43　打开一个项目文件

■图 3-44　选择需要替换的素材文件

步骤03　在"**媒体池**"面板中，选中替换的素材文件，如图 3-45 所示。

步骤04　在菜单栏中单击"**编辑**"菜单，在弹出的菜单列表中单击"**替换**"命令，如图 3-46 所示。

步骤05　执行操作后，即可替换"**时间线**"面板中的视频文件，如图 3-47 所示。

步骤06　在预览窗口中，可以预览替换的素材画面效果，如图 3-48 所示。

■图 3-45 选中替换的素材文件

■图 3-46 单击"替换"命令

■图 3-47 替换"时间线"面板中的视频文件

■图 3-48 预览素材画面效果

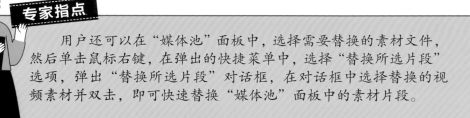

专家指点

用户还可以在"媒体池"面板中，选择需要替换的素材文件，然后单击鼠标右键，在弹出的快捷菜单中，选择"替换所选片段"选项，弹出"替换所选片段"对话框，在对话框中选择替换的视频素材并双击，即可快速替换"媒体池"面板中的素材片段。

3.2.7 覆盖素材：将轨道中的素材进行覆盖

当原视频素材中有部分视频片段不需要时，用户可以使用达芬奇软件的"**覆盖片段**"功能，用一段新的视频素材覆盖原视频素材中不需要的部分，不需要剪辑删除，

53

也不需要替换，就能轻松处理。下面向读者介绍覆盖素材文件的操作方法。

实战精通——烟花庆典

步骤 01 打开一个项目文件，时间线面板如图 3-49 所示。

■图 3-49　打开一个项目文件

步骤 02 在预览窗口中，可以预览打开的项目效果，如图 3-50 所示。

■图 3-50　预览打开的项目效果

步骤 03 将时间指示器移动至 01:00:02:19 的位置处，如图 3-51 所示。

步骤 04 在"**媒体池**"面板中，选择一个视频素材文件（此处用户也可以使用图片素材，主要根据用户的制作需求来进行剪辑），如图 3-52 所示。

■图 3-51　移动时间指示器

■图 3-52　选择视频素材文件

步骤05 然后在"**时间线**"面板的工具栏中，单击"**覆盖片段**"按钮 ，如图 3-53 所示。

步骤06 即可在视频轨中插入所选的视频素材，如图 3-54 所示。

■图 3-53　单击"覆盖片段"工具按钮　　■图 3-54　插入所选的图像素材

步骤07 执行操作后，即可完成对视频轨中原素材部分视频片段的覆盖，在预览窗口中，可以查看覆盖片段的画面效果，如图 3-55 所示。

■图 3-55　查看覆盖片段的画面效果

3.2.8　叠加素材：在时间指示器处叠加素材

在达芬奇中，用户可以根据时间指示器的停放位置，在"时间线"面板的轨道上添加叠加素材，使制作的视频更加符合用户的需求。下面向读者介绍叠加素材文件的操作方法。

实战精通——交通枢纽

步骤01 打开一个项目文件，时间线面板如图 3-56 所示。

■图 3-56　打开一个项目文件

步骤02 在预览窗口中，可以预览打开的项目效果，如图 3-57 所示。

■图 3-57　预览打开的项目效果

步骤03 将时间指示器移动至 01:00:02:00 的位置处，如图 3-58 所示。

步骤04 在"**媒体池**"面板中，选择需要进行叠加的视频素材，如图 3-59 所示。

■图 3-58　移动时间指示器　　　　　　　■图 3-59　选择视频素材文件

步骤05 在菜单栏中，单击"**编辑**"|"**叠加**"命令，如图 3-60 所示。

步骤06 执行操作后，即可在视频轨 2 中插入叠加的视频素材，如图 3-61 所示。

步骤07 在预览窗口中，可以查看叠加后的视频画面效果，如图 3-62 所示。

■ 图 3-60　单击"叠加"命令　　　　　　■ 图 3-61　插入叠加的视频素材

■ 图 3-62　查看视频画面效果

3.2.9　适配填充：将素材填补至轨道空白处

在"**时间线**"面板中，当用户将几段视频中的某一段视频素材删除后，需要将一段新的视频素材置入被删除的空白位置处时，可能会出现素材时长不匹配的问题，如图 3-63 所示。

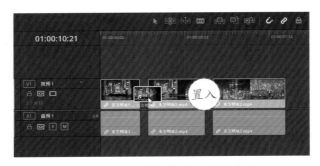

■ 图 3-63　将素材置入空白位置

此时，用户可以使用适配填充功能，将视频自动变速，拉长或压缩视频时长，填充至空白位置处。下面向读者介绍适配填充素材文件的操作方法。

实战精通——东方明珠

步骤01 打开一个项目文件，时间线面板如图 3-64 所示。

■图 3-64 打开一个项目文件

步骤02 在预览窗口中，可以预览打开的项目效果，如图 3-65 所示。

■图 3-65 预览打开的项目效果

步骤03 将时间指示器移至第 1 段视频的结束位置处，如图 3-66 所示。

步骤04 在媒体池中，选择需要适配填充的视频素材，如图 3-67 所示。

■图 3-66 移动时间指示器　　　　■图 3-67 选择视频素材文件

步骤05 在菜单栏中，单击"编辑"|"适配填充"命令，如图3-68所示。

步骤06 执行操作后，即可在视频轨中的空白位置处适配填充所选视频，如图3-69所示。

■图3-68 单击"适配填充"命令　　　　■图3-69 适配填充视频素材

步骤07 在预览窗口中，可以查看填充后的视频画面效果，如图3-70所示。

■图3-70 查看视频画面效果

3.3 掌握视频修剪模式

　　为了帮助读者尽快掌握达芬奇软件中的修剪模式，下面主要介绍达芬奇剪辑面板中的选择模式、修剪编辑模式、动态滑移剪辑以及动态滑动剪辑等修剪视频素材的方法，希望读者可以举一反三，灵活运用。

3.3.1 选择模式：用选择工具剪辑视频素材

在"**时间线**"面板的工具栏中，应用"**选择模式**"工具可以修剪素材文件的时长区间，下面介绍应用"**选择模式**"工具修剪视频素材的操作方法。

实战精通——栈道入口

步骤01 打开一个项目文件，时间线面板如图 3-71 所示。

■图 3-71　打开一个项目文件

步骤02 在预览窗口中，可以预览打开的项目效果，如图 3-72 所示。

■图 3-72　预览打开的项目效果

步骤03 在"**时间线**"面板中，单击"**选择模式**"工具，移动鼠标至素材的结束位置处，如图 3-73 所示。

步骤04 当光标呈修剪形状时，单击鼠标左键并向左拖动，如图 3-74 所示。至合适位置处释放鼠标左键，即可完成修剪视频时长区间的操作。

■图 3-73　移动鼠标至结束位置处　　　　■图 3-74　修剪视频时长区间

3.3.2 修剪编辑模式：用修剪工具剪辑视频

在达芬奇中，修剪编辑模式在剪辑视频时非常实用。用户可以在固定的时长中，通过拖动视频素材，更改视频素材的起点和终点，选取其中的一段视频片段。例如，固定时长为 3 秒，完整视频时长为 10 秒，用户可以截取其中任意 3 秒视频片段作为保留素材，下面介绍应用修剪编辑模式剪辑视频素材的操作方法。

实战精通——冬日枝桠

步骤01 打开一个项目文件，时间线面板如图 3-75 所示。

■图 3-75　打开一个项目文件

步骤02 在预览窗口中，可以预览打开的项目效果，如图 3-76 所示。

■图 3-76　预览打开的项目效果

步骤03 选择第 2 段视频素材，在"**时间线**"面板的工具栏中，单击"**修剪编辑模式**"工具，如图 3-77 所示。

■图 3-77　单击"修剪编辑模式"工具

步骤04 将光标移至第 2 段视频素材的图像显示区，此时光标呈修剪状态，效果如图 3-78 所示。

■图 3-78　移动光标至素材图像显示区

步骤05 单击鼠标左键，在轨道上会出现一个白色方框，表示视频素材的原时长，如图 3-79 所示。

■图 3-79　轨道上出现白色方框

步骤06 根据需要向左或向右拖动视频素材，这里向右拖动，在红色方框内会显示视频内容图像，如图3-80所示。

■图3-80　拖动视频素材

步骤07 同时，预览窗口中也会根据修剪片段显示视频起点和终点图像，效果如图3-81所示。待释放鼠标左键后，即可截取满意的视频素材。

■图3-81　显示视频起点和终点图像

3.3.3　动态修剪模式1：通过滑移剪辑视频

在DaVinci Resolve 16中，动态修剪模式有两种操作方法，分别是滑移和滑动两种剪辑方式，用户可以通过按【S】快捷键进行切换。滑移功能的作用与上一例中所讲一样，这里不再详述。下面主要介绍操作方法。在用户学习如何使用达芬奇中的动态修剪模式前，首先需要了解一下预览窗口中倒放、停止、正放的快捷键，分别是【J】、【K】、【L】键，用户在操作时，如果快捷键失效，建议打开英文大写功能再按。下面介绍通过滑移功能剪辑视频素材的操作方法。

实战精通——海岸风光

步骤01 打开一个项目文件，时间线面板如图 3-82 所示。

■图 3-82　打开一个项目文件

步骤02 在预览窗口中，可以预览打开的项目效果，如图 3-83 所示。

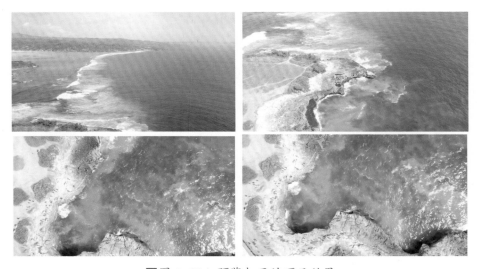

■图 3-83　预览打开的项目效果

步骤03 在"**时间线**"面板的工具栏中，单击"**动态修剪模式**"工具，此时时间指示器显示为黄色，如图 3-84 所示。

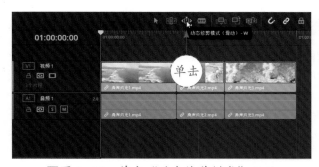

■图 3-84　单击"动态修剪模式"工具

步骤 04 在工具按钮上，单击鼠标右键，弹出下拉列表框，选择"**滑移**"选项，如图 3-85 所示。

■ 图 3-85　选择"滑移"选项

步骤 05 在视频轨中选中第 2 段视频素材，如图 3-86 所示。

■ 图 3-86　选中第 2 段视频素材

步骤 06 按倒放快捷键【J】或按正放快捷键【L】，在红色固定区间内左右移动视频片段，按停止快捷键【K】暂停，通过滑移选取视频片段，如图 3-87 所示。

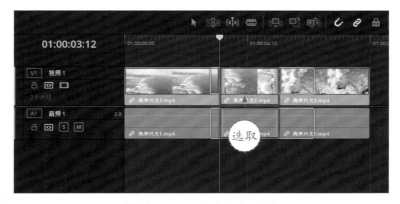

■ 图 3-87　选取视频片段

3.3.4 动态修剪模式 2：通过滑动剪辑视频

下面要介绍的是第 2 种动态修剪视频的方法，通过滑动功能修剪与指定的视频素材相邻的素材时长，下面介绍通过滑动功能剪辑视频素材的操作方法。

实战精通——沙滩美景

步骤01 打开一个项目文件，在"**时间线**"面板的工具栏中，单击"**选择模式**"按钮，切换光标为选择光标，如图 3-88 所示。

■图 3-88　单击"选择模式"工具按钮

步骤02 在预览窗口中，可以预览打开的项目效果，如图 3-89 所示。

■图 3-89　预览打开的项目效果

步骤 03 在菜单栏中单击"**修剪**"|"**动态修剪模式**"命令，如图 3-90 所示。

■图 3-90　单击"动态修剪模式"命令

步骤 04 时间指示器显示为黄色后，按【S】键切换"**动态剪辑模式**"为"**滑动**"，如图 3-91 所示。

■图 3-91　切换为"滑动"剪辑模式

步骤 05 在视频轨中选中第 2 段视频素材，如图 3-92 所示。

■图 3-92　选中第 2 段视频素材

步骤06 按倒放快捷键【J】或按正放快捷键【L】左右移动视频片段，按停止快捷键【K】暂停，即可剪辑相邻的两段视频的时长，如图 3-93 所示。

■图 3-93　剪辑相邻的两段视频的时长

第4章 初步粗调：
对画面进行一级调色

学习提示

色彩在影视视频的编辑中，往往可以给观众留下第一印象，并在某种程度上抒发一种情感。但由于素材在拍摄和采集的过程中，常会遇到一些很难控制的光照环境，使拍摄出来的源素材色感欠缺、层次不明，本章将详细介绍应用达芬奇软件对视频画面进行一级调色的制作技巧。

4.1 认识示波器与灰阶调节

示波器是一种可以将视频信号转换为可见图像的电子测量仪器，它能帮助人们研究各种电现象的变化过程，观察各种不同信号幅度随时间变化的波形曲线。灰阶是指显示器黑与白、明与暗之间亮度的层次对比。下面将向大家介绍在达芬奇中的几种示波器查看模式。

4.1.1 认识波形图示波器

波形图示波器主要用于检测视频信号的幅度和单位时间内所有脉冲扫描图形，让用户看到当前画面亮度信号的分布情况，用来分析画面的明暗和曝光情况。

波形示波器的横坐标表示当前帧的水平位置，纵坐标在 NTSC 制式下表示图像每一列的色彩密度，单位是 IRE；在 PAL 制式下则表示视频信号的电压值。在 NTSC 制式下，以消隐电平 0.3V 为 0IRE，将 0.3 ～ 1V 进行 10 等分，每一等分定义为 10IRE。

下面介绍在 DaVinci Resolve 16 中，如何查看波形图示波器。

实战精通——城市夜景

步骤01 打开一个项目文件，效果如图 4-1 所示。

■图 4-1　打开一个项目文件

步骤02 在步骤面板中，单击"**调色**"按钮，如图 4-2 所示。

步骤03 执行操作后，即可切换至"**调色**"步骤面板中，如图 4-3 所示。

步骤04 在工具栏中，单击"**示波器**"按钮，如图 4-4 所示。

步骤05 执行操作后，即可切换至"**示波器**"显示面板，如图 4-5 所示。

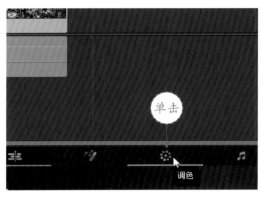

■图 4-2　单击"调色"按钮

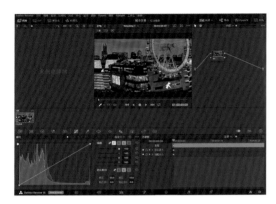

■图 4-3　切换至"调色"步骤面板

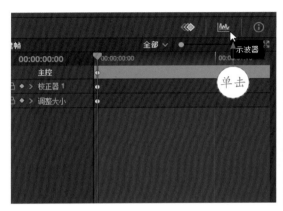

■图 4-4　单击"示波器"按钮

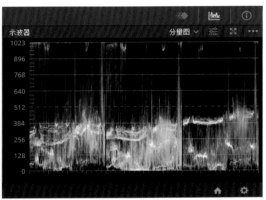

■图 4-5　切换至"示波器"显示面板

步骤06 在示波器窗口栏的右上角，单击下拉按钮，在弹出的下拉列表框中，选择"**波形图**"选项，如图 4-6 所示。

步骤07 执行操作后，即可在下方面板中查看和检测视频画面的颜色分布情况，如图 4-7 所示。

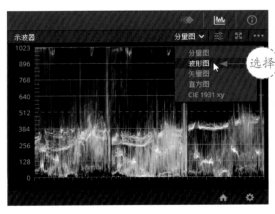

■图 4-6　选择"波形图"选项

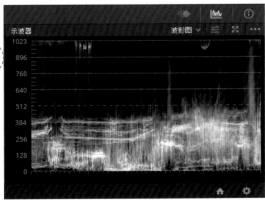

■图 4-7　查看和检测视频画面的颜色分布情况

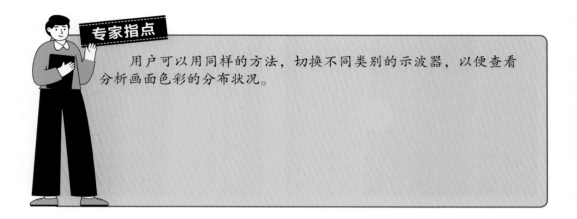

专家指点

用户可以用同样的方法，切换不同类别的示波器，以便查看分析画面色彩的分布状况。

4.1.2　认识分量图示波器

分量图示波器其实就是将波形图示波器分为红绿蓝（RGB）三色通道，将画面中的色彩信息直观地展示出来。通过分量图示波器，用户可以分析观察图像画面的色彩是否平衡。

如图 4-8 所示，下方的阴影位置波形基本一致，即表示色彩无偏差，色彩比较统一；上方的高光位置可以明显看到红色通道的波形偏强，蓝色通道的波形偏弱，且整体波形不一，即表示图像高光位置出现色彩偏移，整体色调偏红色。

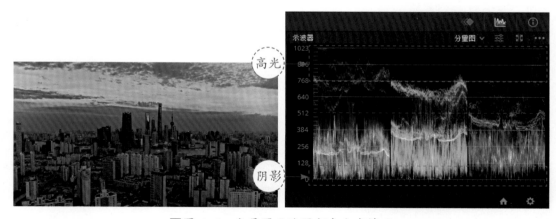

■图 4-8　分量图示波器颜色分布情况

4.1.3　认识矢量图示波器

矢量图是一种检测色相和饱和度的工具，它以极坐标的方式显示视频的色度信息。矢量图中矢量的大小，也就是某一点到坐标原点的距离，代表颜色饱和度。

圆心位置代表颜色饱和度为 0。因此，黑白图像的色彩矢量都在圆心处，离圆心越远饱和度越高，如图 4-9 所示。

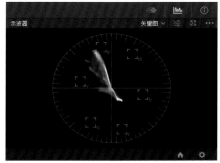

■图4-9 分量图示波器颜色分布情况

专家指点

　　矢量图上有一些虚方格，广播标准彩条颜色都落在相应虚方格的中心。如果饱和度向外超出相应虚方格的中心，就表示饱和度超标（广播安全播出标准），必须进行调整。对于一段视频来讲，只要色彩饱和度不超过由这些虚方格围成的区域，就可认为色彩符合播出标准。

4.1.4　认识直方图示波器

　　直方图示波器可以查看图像的亮度与结构，用户可以利用直方图分析图像画面中的亮度是否超标。

　　在达芬奇中，直方图呈横纵轴进行分布，横坐标轴表示图像画面的亮度值，左边为亮度最小值，波形像素越高则图像画面的颜色越接近黑色，右边为亮度最大值，画面色彩越接近白色，纵坐标轴表示图像画面亮度值位置的像素占比。

　　当图像画面中的黑色像素过多或亮度较低时，波形会集中分布在示波器的左边，如图4-10所示。

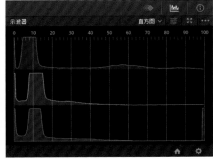

■图4-10　画面亮度过低

当图像画面中的白色像素过多或亮度较高时，波形会集中分布在示波器的右边，如图 4-11 所示。

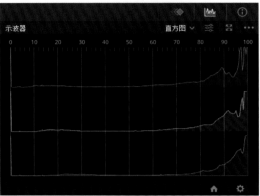

■图 4-11　画面亮度超标

4.2　对画面进行色彩校正

　　在视频制作的过程中，由于电视系统能显示的亮度范围要小于计算机显示器的显示范围，一些在计算机屏幕上鲜亮的画面也许在电视机上将出现细节缺失等影响画质的问题，因此专业的制作人员必须知道应根据播出要求来控制画面的色彩。本节主要向读者介绍运用达芬奇对视频画面进行色彩校正的方法。

4.2.1　调整曝光：制作海天相连视频效果

当素材亮度过暗或者过亮时，用户可以在 DaVinci Resolve 16 中，通过调节"**亮度**"参数调整素材的曝光。下面介绍图像曝光的调整方法。

实战精通——海天相连

步骤 01　打开一个项目文件，如图 4-12 所示。

步骤 02　在预览窗口中，可以查看打开的项目效果，如图 4-13 所示。可以看到视频画面右上角过曝，整体画面呈暗灰色。

步骤 03　切换至"**调色**"步骤面板，在左上角单击 LUT 按钮 LUT，展开 LUT 滤镜面板，如图 4-14 所示。该面板中的滤镜样式可以帮助用户校正画面色彩。

步骤 04　在下方的选项面板中，选择 Blackmagic Design 选项，展开相应的选项卡，在其中选择第 8 个滤镜样式，如图 4-15 所示。

■图 4-12　打开一个项目文件

■图 4-13　查看打开的项目效果

■图 4-14　展开 LUT 滤镜面板

■图 4-15　选择第 8 个滤镜样式

步骤05 单击鼠标左键并拖动至预览窗口的图像画面上，释放鼠标左键即可将选择的滤镜样式添加至视频素材上，如图 4-16 所示。

步骤06 执行操作后，即可在预览窗口中查看色彩校正后的效果，可以看到画面右上角还是有着明显的过曝，如图 4-17 所示。

■图 4-16　拖动滤镜样式

■图 4-17　查看色彩校正后的效果

步骤07 在时间线下方面板中单击"**色轮**"按钮 ◉，展开"**色轮**"面板，如图 4-18 所示。

步骤08 单击"**亮度**"下方的轮盘并向左拖动，直至 YRGB 参数值均显示为 0.80，如图 4-19 所示。

■图 4-18　展开"色轮"面板

■图 4-19　调整亮度参数值

步骤09 执行上述操作后，即可降低亮度值调整画面曝光，在预览窗口即可查看最终效果，如图 4-20 所示。

■图 4-20　调整画面曝光效果

4.2.2　自动平衡：制作滨海之城视频效果

当图像出现色彩不平衡的情况时，有可能是因为摄影机的白平衡参数设置错误，或者因为天气、灯光等因素造成偏色，在达芬奇中，用户可以根据需要应用自动平衡功能，调整图像色彩平衡。下面介绍自动平衡图像色彩的操作方法。

实战精通——滨海之城

步骤01 打开一个项目文件，如图 4-21 所示。

步骤02 在预览窗口中，可以查看打开的项目效果，如图 4-22 所示。

■图 4-21　打开一个项目文件

■图 4-22　查看打开的项目效果

步骤03 切换至"**调色**"步骤面板，打开"**色轮**"面板，在面板下方单击"**自动平衡**"按钮<u>A</u>，如图 4-23 所示。

步骤04 执行上述操作后，即可自动调整图像色彩平衡，在预览窗口中可以查看调整后的图像效果，如图 4-24 所示。

■图 4-23　单击"自动平衡"按钮

■图 4-24　查看调整后的效果

4.2.3　镜头匹配：制作海岛风光视频效果

达芬奇拥有镜头自动匹配功能，对两个片段进行色调分析，自动匹配效果较好的视频片段。镜头匹配是每一个调色师的必学基础课，也是一个调色师经常会遇到的难题。对一个单独的视频镜头调色可能还算容易，但要对整个视频色调进行统一调色就相对较难了，这需要用到镜头匹配功能进行辅助调色。下面介绍具体的操作方法。

实战精通——海岛风光

步骤01 打开一个项目文件，如图 4-25 所示。

■图 4-25　打开一个项目文件

步骤02　在预览窗口中，可以查看打开的项目效果，如图 4-26 所示。其中，第 2 个视频素材画面色彩已经调整完成，可以将其作为要匹配的目标片段。

■图 4-26　查看打开的项目效果

步骤03　切换至"**调色**"步骤面板，在"**片段**"面板中，选择需要进行镜头匹配的第 1 个视频片段，如图 4-27 所示。

步骤04　在第 2 个视频片段上，单击鼠标右键，弹出快捷菜单，选择"**与此片段进行镜头匹配**"选项，如图 4-28 所示。

■图 4-27　选择第 1 个视频片段　　■图 4-28　选择"与此片段进行镜头匹配"选项

步骤05　执行上述操作后，即可在预览窗口中，预览第 1 段视频镜头匹配后的画面效果，如图 4-29 所示。

■图 4-29　预览镜头匹配后的画面效果

步骤 06　从视频画面中可以看到效果偏蓝，在"**色轮**"面板中，单击"**偏移**"色轮中间的圆点，并向左上角的红色区块拖动，至合适位置后释放鼠标左键，调整偏移参数，如图 4-30 所示。

■图 4-30　调整偏移参数

步骤 07　执行操作后，即可在预览窗口中，查看最终的画面效果，如图 4-31 所示。

■图 4-31　查看最终的画面效果

4.2.4　建立视频素材的色彩基调

　　所谓色彩基调，是指画面色彩外观的基本色调。在一部完整的影片中，色彩基调可以向观众传达不同的情感氛围，配合着剧情主题、故事发展呈现它的喜怒哀乐。因此，用户在对视频画面进行调色操作前，需要建立影片的色彩基调。

　　通常我们可以从影片的色相、明度、冷暖、纯度四个方面来定义它的色调。下面介绍一下几种影视片段中常用的色彩基调。

　　单色调：单色调画面中，色彩的亮度值和整体色感都比较单一，颜色偏灰、偏暗，比如阴天、雨天、雾天所呈现的色彩画面，适合烘托视频中的回忆画面，如图4-32所示。

■图 4-32　单色调画面

　　浅色调：浅色调画面中，色彩比较和谐、比较淡，整个色调会给人一种平淡、安静的感觉，适合沉静、淡雅的画面，如图4-33所示。

　　暖色调：暖色调画面中，主要色彩以红、橙、黄三色为主，这三种颜色容易让人联想到火和太阳，火和太阳能给予人们温暖，适用于表达热情、快乐、温暖等画面，如图4-34所示。

■图4-33　浅色调画面

■图4-34　暖色调画面

专家指点

　　色调指的是一个场景、一个物件或者是一幅画面所呈现出的色彩的倾向，比如阳光从树林的空隙中折射出来的颜色是金黄色的，海水远远望去是蓝色的，夜里的天空是黑色的，冬天的雪是白色的，这样呈现的色彩现象即为色调。

　　冷色调：冷色调画面中，色彩以蓝色为主，例如蓝绿色、蓝紫色、蓝黑色等，该系列的颜色容易让人联想到大海，给人深沉、清凉的感觉，适用于表达恬静、严肃、冷静、稳重等画面内容，如图4-35所示。

■图4-35　冷色调画面

4.3 使用色轮的调色技巧

在达芬奇"调色"步骤面板的"色轮"面板中，有三个模式面板供用户调色，分别是一级校色轮、一级校色条以及 LOG 模式，下面介绍这三种调色技巧。

4.3.1 一级校色轮：制作桥上行驶视频效果

在达芬奇"**色轮**"面板的"**一级校色轮**"选项面板中，一共有四个色轮，如图 4-36 所示。

■图 4-36 "一级校色轮"选项面板

从左往右分别是暗部、中灰、亮部以及偏移，顾名思义，分别用来调整图像画面的阴影部分、中间灰色部分、高亮部分以及色彩偏移部分。

每个色轮都是按 YRGB 来划分区块，往上为红色、往下为绿色、往左为黄色、往右为蓝色，用户可以通过两种方式进行调整操作，一种是拖动色轮中间的白色圆圈，往需要的色块方向进行调节，另一种是左右拖动色轮下方的轮盘进行调节。两种方法都可以配合示波器或者查看预览窗口中的图像画面来确认色调是否合适，调整完成后释放鼠标即可。下面通过实例介绍具体的操作方法。

实战精通——桥上行驶

步骤01 打开一个项目文件，如图 4-37 所示。

步骤02 在预览窗口中，可以查看打开的项目效果，如图 4-38 所示。需要将画面中的暗部调亮，并调整整体色调偏蓝。

步骤03 切换至"**调色**"步骤面板，展开"**色轮**"|"**一级校色轮**"面板，将鼠标移至"**暗部**"色轮下方的轮盘上，单击鼠标左键并向右拖动，直至色轮下方的 YRGB 参数均显示为 0.05，如图 4-39 所示。

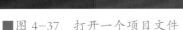

■图 4-37 　打开一个项目文件　　　　　　■图 4-38 　查看打开的项目效果

■图 4-39 　调整"暗部"色轮参数

步骤04 然后单击"**偏移**"色轮中间的圆点，并向右边的蓝色区块拖动，至合适位置后释放鼠标左键，调整偏移参数，如图 4-40 所示。

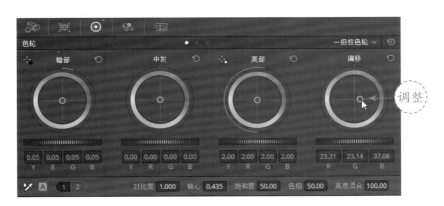

■图 4-40 　调整"偏移"色轮参数

步骤05 执行操作后，即可在预览窗口中查看最终效果，如图 4-41 所示。

■图 4-41　查看最终效果

4.3.2　一级校色条：制作徐浦大桥视频效果

在达芬奇"**色轮**"面板的"**一级校色条**"选项面板中，一共有四组色条，如图 4-42 所示。

■图 4-42　"一级校色条"选项面板

其作用与"**一级校色轮**"选项面板中的色轮作用是一样的，并且与色轮是联动关系，当用户调整色轮中的参数时，色条参数也会随之改变，反过来也是一样，当用户调整色条参数时，色轮下方的 YRGB 参数也会随之改变。

色条有单独的 YRGB 参数通道，可以通过色条下方的轮盘整体调整，也可以单独调整 YRGB 通道中某一条通道的参数，相对来说，通过色条进行色彩校正会更加准确，配合示波器可以帮助用户快速校正色彩。下面通过实例介绍具体的操作方法。

实战精通——徐浦大桥

步骤01　打开一个项目文件，如图 4-43 所示。

步骤02　在预览窗口中，可以查看打开的项目效果，如图 4-44 所示。需要将画面中的冷色调调整为暖色调。

■图 4-43　打开一个项目文件

■图 4-44　查看打开的项目效果

步骤03　切换至"**调色**"步骤面板，在"**色轮**"面板中，单击面板右上角的下拉按钮，在弹出的下拉列表框中，选择"**一级校色条**"选项，如图 4-45 所示。

■图 4-45　选择"一级校色条"选项

专家指点

　　用户在切换"一级校色条"选项面板时，除了通过"色轮"面板右上角的下拉菜单外，还可以单击"色轮"面板上方中间位置的第 2 个圆圈进行切换。

步骤04　将鼠标移至"**暗部**"色条下方的轮盘上，单击鼠标左键并向右拖动，直至色轮下方的 YRGB 参数均显示为 0.04，如图 4-46 所示。

■图 4-46　调整"暗部"色条参数

步骤05　将鼠标移至"**亮度**"色条中的 Y 通道，单击鼠标左键并往上拖动，直至参数显示为 1.30，如图 4-47 所示。

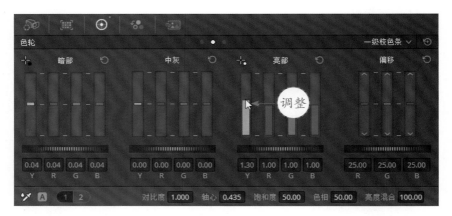

■图 4-47　调整"亮度"色条 Y 通道参数

步骤06　用同样的方法调整 R 通道参数为 1.30，如图 4-48 所示。

■图 4-48　调整"亮度"色条 R 通道参数

步骤07 继续用同样的方法，调整"**偏移**"色条中的 R 通道参数为 32.0，如图 4-49 所示。

■图 4-49 调整"偏移"色条参数

步骤08 执行操作后，即可在预览窗口中查看最终效果，如图 4-50 所示。

■图 4-50 查看最终效果

专家指点

　　用户在调整参数时，如需恢复数据重新调整，可以单击每组色条（或色轮）右上角的恢复重置按钮 ↻，快速恢复素材的原始参数。

4.3.3 LOG 模式：制作云端之下视频效果

　　LOG 模式可以保留图像画面中暗部和亮部的细节，为用户后期调色提供了很大的空间。在达芬奇"**色轮**"面板的 LOG 选项面板中，一共有四个色轮，分别是阴影、中间调、高光以及偏移，如图 4-51 所示。

■图 4-51　LOG 选项面板

用户在应用 Log 模式调色时，可以展开示波器面板查看图像波形状况，配合示波器对图像素材进行调色处理，下面通过实例介绍应用 Log 模式调色的操作方法。

实战精通——云端之下

步骤01 打开一个项目文件，如图 4-52 所示。

步骤02 在预览窗口中，可以查看打开的项目效果，如图 4-53 所示。需要将画面调成清晨阳光透过云层的效果。

■图 4-52　打开一个项目文件

■图 4-53　查看打开的项目效果

步骤03 切换至"**调色**"步骤面板，展开"**分量图**"示波器面板，在其中可以查看图像 RGB 波形状况，如图 4-54 所示。可以看到 RGB 波形分布比较均匀，无偏色状况。

步骤04 在"**色轮**"面板中，单击面板右上角的下拉按钮，在弹出的快捷菜单中，选择 Log 选项，如图 4-55 所示。

步骤05 切换至 Log 选项面板，首先将素材的阴影部分提亮，将鼠标移至"**阴影**"色轮下方的轮盘上，单击鼠标左键并向右拖动，直至色轮下方的 RGB 参数均显示为0.44，如图 4-56 所示。

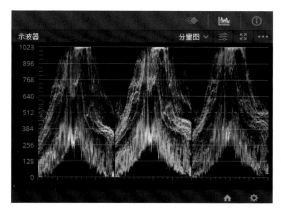

■图 4-54　查看图像 RGB 波形状况

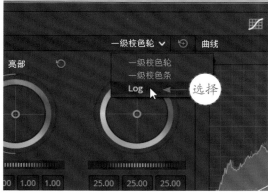

■图 4-55　选择 Log 选项

步骤06　然后调整高光部分的光线，单击"**高光**"色轮中心的圆圈并往红色区块方向拖动，直至 RGB 参数分别显示为 0.13、0.00、−0.42，释放鼠标左键，提高红色亮度，使画面中的光线呈红色暖光调，如图 4-57 所示。

■图 4-56　调整"阴影"参数

■图 4-57　调整"高光"色轮参数

步骤07　然后单击"**中间调**"色轮下方的轮盘并向右拖动，直至 RGB 参数均显示为 0.15，如图 4-58 所示。

■图 4-58　调整"高光"色轮参数

步骤08　执行上述操作后，单击"**偏移**"色轮下方的轮盘，并向右拖动，直至 RGB 参数显示为 40.00，然后单击"**偏移**"色轮中间的圆圈，并向上拖动，直至 RGB 参数显示为 45.78、38.36、38.91，如图 4-59 所示。

步骤09　执行上述操作后，示波器中的蓝色波形明显降低了，如图 4-60 所示。

步骤10　在预览窗口中，可以查看调整后的视频画面效果，如图 4-61 所示。

■图 4-59　调整"偏移"色轮参数

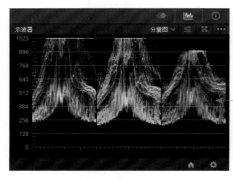

■图 4-60　查看调整后显示的波形状况　　　■图 4-61　查看调整后的视频画面效果

4.4 使用曲线功能来调色

DaVinci Resolve 16 为用户提供了曲线调色功能，在调色步骤面板中，用户可以通过曲线功能调整图像画面的色彩和对比度。下面介绍曲线功能的相关内容。

4.4.1 了解曲线调色功能面板

在"**曲线**"面板中共有 6 种调整模式，分别是自定义、色相 VS 色相、色相 VS 饱和度、色相 VS 亮度、亮度 VS 饱和度以及饱和度 VS 饱和度模式，如图 4-62 所示。

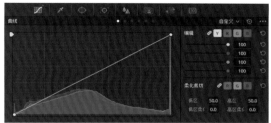

自定义模式面板

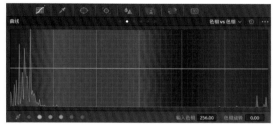

色相 VS 色相模式面板

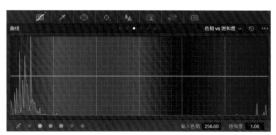

色相 VS 饱和度模式面板

色相 VS 亮度模式面板

亮度 VS 饱和度模式面板

饱和度 VS 饱和度模式面板

■图 4-62　曲线调色模式

其中，自定义曲线模式面板主要由两个版块组成：

左边是曲线编辑器。横坐标轴表示图像的明暗亮度，最左边为暗（黑色），最右边为明（白色），纵坐标轴表示色调。编辑器中有一根对角白线，在白线上单击鼠标左键可以添加控制点，以此线为界限，往左上范围拖动添加的控制点，可以提高图像画面的亮度，往右下范围拖动控制点，可以降低图像画面的亮度，用户可以理解为左上为明，右下为暗。当用户需要删除控制点时，在控制点上单击鼠标右键即可。

右边是曲线参数控制器。在曲线参数控制器中，有 YRGB 四个颜色按钮 **Y R G B**，分别对应按钮下方的四个曲线调节通道，用户可以通过左右拖动 YRGB 通道上的圆点滑块调整色彩参数。在面板中有一个联动按钮 **⟳**，默认状态下该按钮是开启状态，当用户拖动任意一个通道上的滑块时，会同时调整改变其他三个通道的参数，用户只有将联动按钮关闭，才可以在面板中单独选择某一个通道进行调整操作。在下方的柔化裁切区，用户可以通过输入参数值或单击参数文本框后，向左拖动降低数值或向右拖动提高数值，用来调节 RGB 曲线柔化高低。

除了自定义面板外，用户还可以在其他 5 个模式面板中，根据图像的色温、色相、饱和度、亮度等需求在白线上单击鼠标左键添加控制点，通过拖动控制点的方式，调整图像画面的明暗度和色彩浓度。

4.4.2　自定义曲线：制作房屋错落视频效果

在"**曲线**"面板中拖动控制点，只会影响到与控制点相邻的两个控制点之间的那段曲线，用户通过调节曲线位置，便可以调整图像画面中的色彩浓度和明暗对比度，下面通过实例介绍应用自定义曲线编辑器的操作方法。

实战精通——房屋错落

步骤 01 打开一个项目文件，如图 4-63 所示。

步骤 02 在预览窗口中，可以查看打开的项目效果，如图 4-64 所示。需要将画面中的颜色调浓。

■图 4-63　打开一个项目文件　　　　■图 4-64　查看打开的项目效果

步骤03 切换至"**调色**"步骤面板，在左上角单击 LUT 按钮 LUT，展开 LUT 模型面板，在下方的选项面板中，选择 Blackmagic Design 选项，展开相应选项卡，在其中选择第 8 个模型样式，如图 4-65 所示。

步骤04 然后单击鼠标左键并拖动至预览窗口的图像画面上，释放鼠标左键，即可将选择的模型样式添加至视频素材上，色彩校正效果如图 4-66 所示。图像画面校正后的色彩相对要饱满一些，但天空的颜色比较偏青色，且云朵层次不够明显，需要将天空颜色调蓝的同时，对下方房屋草地部分不造成太大的影响。

■图 4-65　选择第 8 个模型样式

■图 4-66　色彩校正效果

步骤05 展开"**曲线**"面板，在自定义曲线编辑器中的合适位置处，单击鼠标左键添加一个控制点，如图 4-67 所示。

步骤06 单击鼠标左键向下拖动，同时观察预览窗口中画面色彩的变化，至合适位置后释放鼠标左键，如图 4-68 所示。

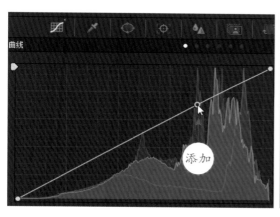

■图 4-67　添加一个控制点

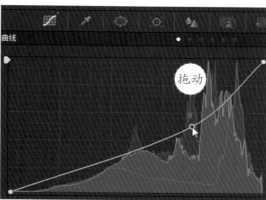

■图 4-68　向下拖动控制点

步骤07 执行操作后，预览窗口中显示效果如图 4-69 所示。画面中上方的天空部分调蓝了，但是下方房屋部分变暗了，需要提高房屋部分的亮度。

步骤 08 然后在编辑器左边的合适位置处，继续添加一个控制点，并拖动至合适位置处，如图 4-70 所示。

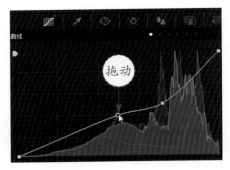

■ 图 4-69　显示效果　　　　　　　　　　■ 图 4-70　添加第 2 个控制点

步骤 09 执行上述操作后，即可在预览窗口中查看最终效果，如图 4-71 所示。

■ 图 4-71　查看最终效果

4.5　使用 RGB 混合器来调色

　　在"调色"步骤面板中，RGB 混合器非常实用。在 RGB 混合器面板中，有红色输出、绿色输出、蓝色输出三组颜色通道，每组颜色通道都有 R、G、B 三个滑块控制条，可以帮助用户针对图像画面中的某一个颜色进行准确调节时不影响画面中的其他颜色。RGB 混合器还具有为黑白的单色图像调整 RGB 比例参数的功能，并且在默认状态下，会自动开启"保留亮度"功能，保持颜色通道调节时亮度值不变，为用户后期调色提供了很大的创作空间。

4.5.1　红色输出：制作黄昏时刻视频效果

　　在 RGB 混合器中，红色输出颜色通道的三个滑块控制条的默认比例为

R1：G0：B0，当增加 R 滑块控制条时，面板中 G 和 B 滑块控制条的参数并不会发生变化，但用户可以在示波器中看到 G、B 的波形会等比例混合下降，下面通过实例介绍红色输出颜色通道的操作方法。

实战精通——黄昏时刻

步骤01 打开一个项目文件，如图 4-72 所示。

步骤02 在预览窗口中，可以查看打开的项目效果，如图 4-73 所示。需要加重图像画面中天空云彩的红色。

■图 4-72　打开一个项目文件　　　　■图 4-73　查看打开的项目效果

步骤03 切换至"**调色**"步骤面板，在示波器中查看图像 RGB 波形状况，如图 4-74 所示。可以看到红色波形的波峰要高过绿色和蓝色波形，其中蓝色波形最低。

步骤04 在时间线下方面板中，单击"RGB 混合器"按钮 ，切换至"RGB 混合器"面板，如图 4-75 所示。

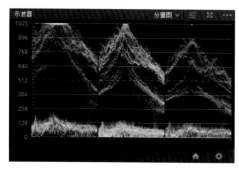 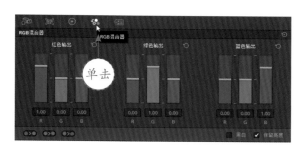

■图 4-74　查看图像 RGB 波形状况　　　■图 4-75　单击"RGB 混合器"按钮

步骤05 将鼠标移至"**红色输出**"颜色通道的 R 控制条的滑块上，单击鼠标左键并向上拖动，直至 R 参数显示为 1.21，如图 4-76 所示。

步骤06 然后在示波器中，可以看到红色波形上升后，绿色和蓝色波形随之下降，如图 4-77 所示。

■图 4-76　拖动滑块

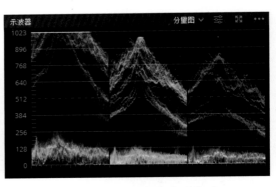

■图 4-77　示波器波形状况

步骤07 执行操作后，即可在预览窗口中查看制作的视频效果，如图 4-78 所示。

■图 4-78　查看制作的视频效果

4.5.2　绿色输出：制作庭院绿植视频效果

在 RGB 混合器中，绿色输出颜色通道的三个滑块控制条的默认比例为 R0：G1：B0，当图像画面中的绿色成分过多或需要在画面中增加绿色色彩时，便可以通过 RGB 混合器中的绿色输出通道调节图像画面色彩，下面通过实例介绍绿色输出颜色通道的操作方法。

实战精通——庭院绿植

步骤01 打开一个项目文件，如图 4-79 所示。

步骤02 在预览窗口中，可以查看打开的项目效果，如图 4-80 所示。图像画面中绿色的成分过多，需要降低绿色输出。

步骤03 切换至"**调色**"步骤面板，在示波器中查看图像 RGB 波形状况，如图 4-81 所示。可以看到红色波形与蓝色波形基本持平，而绿色波形要高出许多。

步骤 04 切换至"RGB 混合器"面板，将鼠标移至"**绿色输出**"颜色通道的 G 控制条的滑块上，单击鼠标左键并向下拖动，直至 G 参数显示为 0.85，如图 4-82 所示。

■图 4-79　打开一个项目文件

■图 4-80　查看打开的项目效果

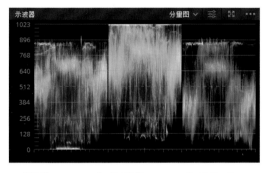

■图 4-81　查看图像 RGB 波形状况

■图 4-82　拖动滑块

步骤 05 执行上述操作后，在示波器中，可以看到红绿蓝波形的高光部分已基本持平，如图 4-83 所示。

步骤 06 在预览窗口中查看制作的视频效果，如图 4-84 所示。

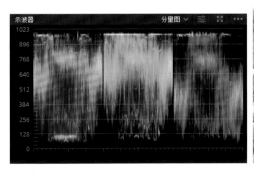

■图 4-83　示波器波形状况

■图 4-84　查看制作的视频效果

4.5.3 蓝色输出：制作灯火辉煌视频效果

在 RGB 混合器中，蓝色输出颜色通道的三个滑块控制条的默认比例为 R0：G0：B1，红绿蓝三色，不同的颜色搭配可以调配出多种自然色彩，例如红绿搭配会变成黄色，若想降低黄色浓度，可以适当提高蓝色色调混合整体色调。下面通过实例介绍蓝色输出颜色通道的操作方法。

实战精通——灯火辉煌

步骤01 打开一个项目文件，如图 4-85 所示。

步骤02 在预览窗口中，可以查看打开的项目效果，如图 4-86 所示。图像画面有点儿偏黄，需要提高蓝色输出平衡图像画面色彩。

■图 4-85　打开一个项目文件　　　　　■图 4-86　查看打开的项目效果

步骤03 切换至"**调色**"步骤面板，在示波器中查看图像 RGB 波形状况，如图 4-87 所示。可以看到红色波形与绿色波形基本持平，而蓝色波形的阴影部分与前面两道波形基本一致，但是蓝色高光部分明显比红绿两道波形要低。

步骤04 切换至"**RGB 混合器**"面板，将鼠标移至"**蓝色输出**"颜色通道的 B 控制条的滑块上，单击鼠标左键并向上拖动，直至 B 参数显示为 1.51，如图 4-88 所示。

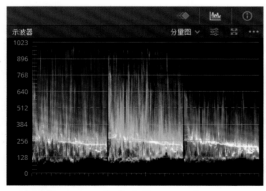

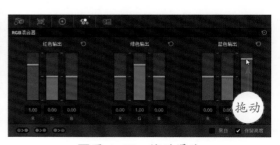

■图 4-87　查看图像 RGB 波形状况　　　　■图 4-88　拖动滑块

步骤05 在执行上述操作的同时，在示波器中可以查看蓝色波形的涨幅状况，如图 4-89 所示。

步骤06 然后在预览窗口中查看制作的视频效果，如图 4-90 所示。

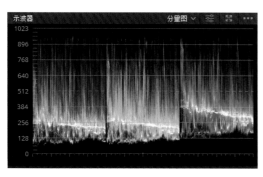 

■图 4-89　示波器波形状况　　　　　■图 4-90　查看制作的视频效果

4.5.4　黑白效果：制作海边小船视频效果

在 RGB 混合器中，启动"**黑白**"调色功能后，彩色的图像画面会变成单色的图像画面，且 RGB 混合器面板中的三组颜色输出通道，每个通道只会保留一个滑块控制条可用，其他两个控制条会被禁用，即红色输出通道只有 R 滑块控制条可用，绿色输出通道只有 G 滑块控制条可用，蓝色通道只有 B 滑块控制条可用。下面通过实例介绍启用"**黑白**"图像调色功能的操作方法。

实战精通——海边小船

步骤01 打开一个项目文件，如图 4-91 所示。

■图 4-91　打开一个项目文件

步骤02 在预览窗口中，可以查看打开的项目效果，如图 4-92 所示。

■图 4-92 查看打开的项目效果

步骤 **03** 切换至"**调色**"步骤面板，在示波器中查看图像 RGB 波形状况，如图 4-93 所示。可以看到红绿蓝波形分布都不均匀。

步骤 **04** 切换至"RGB 混合器"面板，将鼠标移至面板下方，选中"**黑白**"复选框，如图 4-94 所示。可以看到面板中的通道控制条发生了相应变化，每组通道仅有一个控制条可用。

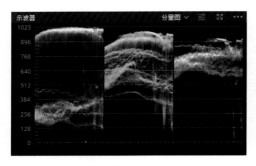

■图 4-93 查看图像 RGB 波形状况   ■图 4-94 拖动滑块

步骤 **05** 执行上述操作后，示波器中的红绿蓝波形显示一致，如图 4-95 所示。

步骤 **06** 在预览窗口中查看制作的视频效果，如图 4-96 所示。

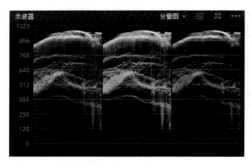

■图 4-95 示波器波形状况   ■图 4-96 查看制作的视频效果

当用户在已使用"**黑白**"图像调色功能的情况下，继续在 RGB 混合器面板中调节红、绿、蓝颜色输出通道的控制条时，示波器和图像显示如下。

红色输出：

将 R 控制条滑块向上拖动至最大值（2.00），示波器和图像显示如图 4-97 所示。

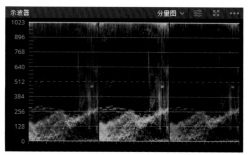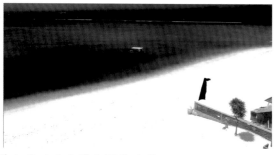

■图 4-97　R 控制条最大值时示波器和图像效果

将 R 控制条滑块向上拖动至最小值（-2.00），示波器和图像显示如图 4-98 所示。

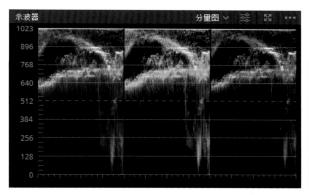

■图 4-98　R 控制条最小值时示波器和图像效果

绿色输出：

将 G 控制条滑块向上拖动至最大值（2.00），示波器和图像显示如图 4-99 所示。

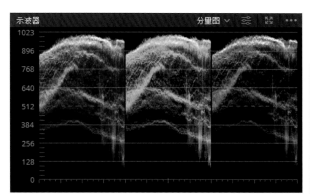

■图 4-99　G 控制条最大值时示波器和图像效果

将 G 控制条滑块向上拖动至最小值（-2.00），示波器和图像显示如图 4-100 所示。

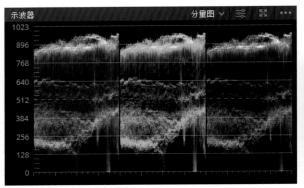

■图 4-100　G 控制条最小值时示波器和图像效果

蓝色输出：

将 B 控制条滑块向上拖动至最大值（2.00），示波器和图像显示如图 4-101 所示。

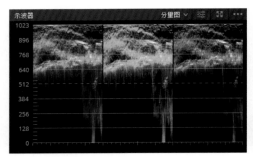

■图 4-101　B 控制条最大值时示波器和图像效果

将 B 控制条滑块向上拖动至最小值（-2.00），示波器和图像显示如图 4-102 所示。

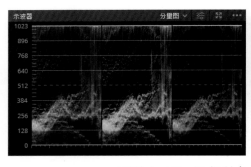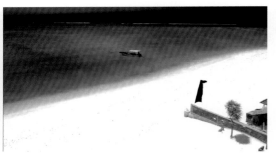

■图 4-102　B 控制条最小值时示波器和图像效果

第5章 认真细调：
对局部进行二级调色

学习提示

　　使用达芬奇软件对素材文件进行调色，需要用户对色彩理论知识有一定的了解，因为每种颜色所能包含的意义和向观众传达的情感都是不一样的，只有对颜色有所了解，才能更好地使用达芬奇进行后期调色。本章主要介绍的是对素材图像的局部画面进行二级调色，相对一级调色而言，二级调色更注重画面中的细节处理。

5.1 什么是二级调色

　　什么是二级调色？在回答这个问题之前，首先需要大家理解一下一级调色。在对素材图像进行调色操作前，需要对素材图像进行一个简单勘测，比如图像是否有过度曝光、灯光是否太暗、是否偏色、饱和度浓度如何、是否存在色差、色调是否统一等，用户针对上述问题对素材图像进行曝光、对比度、色温等校色调整，便是一级调色。

　　二级调色则是在一级调色处理的基础上，对素材图像的局部画面进行细节处理，比如物品颜色突出、肤色深浅、服装搭配、去除杂物、抠像等细节，并对素材图像的整体风格进行色彩处理，保证整体色调统一。如果一级调色进行校色调整时没有处理好，会影响到二级调色。因此，用户在进行二级调色前，一般一级调色可以处理的问题，不要留到二级调色时再处理。

5.2 使用映射曲线来调色

　　在 DaVinci Resolve 16 中，"曲线"面板中共有 6 个调色操作模式，其中"自定义"曲线模式可以在图像色调的基础上进行调节，而另外 5 种曲线调色模式则主要通过色相、饱和度以及亮度三种元素来进行调节。在第 4 章我们对"自定义"曲线模式进行了相关讲解，下面将向大家介绍其他 5 个曲线调色模式。

5.2.1 曲线 1：使用色相 VS 色相调色

　　在"色相 VS 色相"面板中，曲线为横向水平线，从左到右的色彩范围为红、绿、蓝、红，曲线左右两端相连为同一色相，用户可以通过调节控制点，将素材图像画面中的色相变成另一种色相，下面介绍具体的操作方法。

实战精通——植物盆栽

　　步骤 01　打开一个项目文件，如图 5-1 所示。

　　步骤 02　在预览窗口中，可以查看打开的项目效果，如图 5-2 所示。画面中的盆栽绿意盎然，需要通过色相调节，将表示春天的绿色，改为秋天的黄色。

■图 5-1　打开一个项目文件　　　　■图 5-2　查看打开的项目效果

步骤 03 切换至"**调色**"步骤面板，在"**曲线**"面板中单击右上角的下拉按钮，选择"色相 VS 色相"选项，如图 5-3 所示。

步骤 04 切换至"**色相 VS 色相**"面板，在面板下方单击绿色矢量色块，如图 5-4 所示。

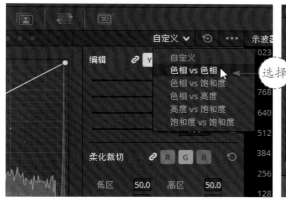

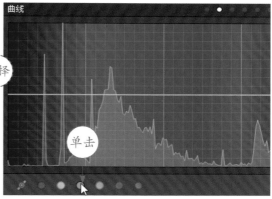

■图 5-3　选择相应选项　　　　　　■图 5-4　单击绿色矢量色块

步骤 05 执行操作后，即可在编辑器中的曲线上添加三个控制点，选中左边第 2 个控制点，如图 5-5 所示。

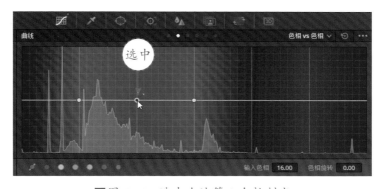

■图 5-5　选中左边第 2 个控制点

步骤06 长按鼠标左键并向上拖动选中的控制点，如图5-6所示。至合适位置后释放鼠标左键。

■图5-6 向上拖动控制点

专家指点

　　在"色相VS色相"面板下方，有6个矢量色块，单击其中一个颜色色块，在曲线编辑器中的曲线上会自动在相应颜色色相范围内添加三个控制点，两端的两个控制点用来固定色相边界，中间的控制点用来调节。当然，两端的两个控制点也是可以调节的，用户可以根据需求调节相应的控制点。

步骤07 执行上述操作后，即可改变图像画面中的色相，在预览窗口中，可以查看色相转变效果，如图5-7所示。

■图5-7 查看色相转变效果

5.2.2　曲线 2：使用色相 VS 饱和度调色

"色相 VS 饱和度"曲线模式，其面板与"**色相 VS 色相**"曲线模式相差不大，但制作的效果却是不一样的，"**色相 VS 饱和度**"曲线模式可以校正图像画面中色相过度饱和或欠缺饱和的状况，下面介绍具体的操作方法。

实战精通——大海蓝天

步骤01　打开一个项目文件，如图 5-8 所示。

步骤02　在预览窗口中，可以查看打开的项目效果，如图 5-9 所示。需要增加天空和海水中的蓝色，并且不影响图像画面中的其他色调。

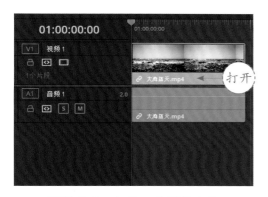

■图 5-8　打开一个项目文件

■图 5-9　查看打开的项目效果

步骤03　切换至"**调色**"步骤面板，在"**曲线**"面板中单击右上角的下拉按钮，选择"**色相 VS 饱和度**"选项，如图 5-10 所示。

步骤04　展开"**色相 VS 饱和度**"面板，在面板下方单击蓝色矢量色块，如图 5-11 所示。

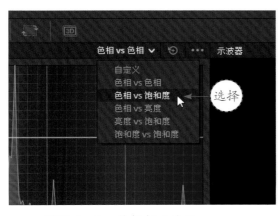

■图 5-10　选择相应选项

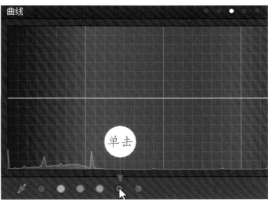

■图 5-11　单击蓝色矢量色块

步骤05 执行操作后，即可在编辑器中的曲线上添加三个控制点，选中中间的控制点，如图 5-12 所示。

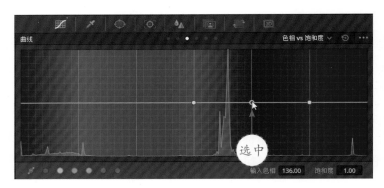

■图 5-12 选中中间的控制点

步骤06 长按鼠标左键并向上拖动选中的控制点，如图 5-13 所示。至合适位置后释放鼠标左键。

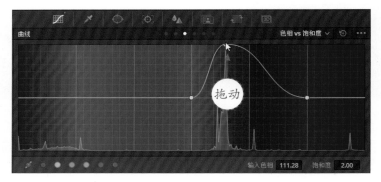

■图 5-13 向上拖动控制点

步骤07 执行上述操作后，即可在预览窗口中，查看校正色相饱和度后的效果，如图 5-14 所示。

■图 5-14 查看校正色相饱和度效果

5.2.3　曲线 3：使用色相 VS 亮度调色

使用"**色相 VS 亮度**"曲线模式调色，可以降低或提高指定色相范围元素的亮度，下面通过实例操作进行介绍。

实战精通——灯火明亮

步骤01　打开一个项目文件，如图 5-15 所示。

步骤02　在预览窗口中，可以查看打开的项目效果，如图 5-16 所示。画面中显示的交通路段亮度比较偏暗，其色相范围处于红色元素和黄色元素之间，需要提高该色相范围元素的亮度。

■图 5-15　打开一个项目文件

■图 5-16　查看打开的项目效果

步骤03　切换至"**调色**"步骤面板，在"**曲线**"面板中单击右上角的下拉按钮，选择"**色相 VS 亮度**"选项，如图 5-17 所示。

步骤04　展开"**色相 VS 亮度**"面板，在面板下方单击黄色矢量色块，如图 5-18 所示。

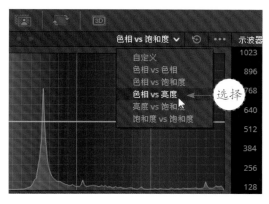

■图 5-17　选择相应选项

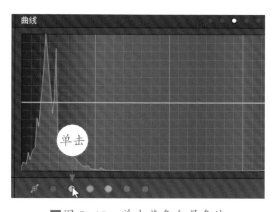

■图 5-18　单击黄色矢量色块

步骤05　执行操作后，即可在编辑器中的曲线上添加三个控制点，移动鼠标至第

3 个控制点上，如图 5-19 所示。单击鼠标右键移除控制点。

步骤06 然后在两个控制点之间的曲线线段上，单击鼠标左键添加一个控制点，如图 5-20 所示。

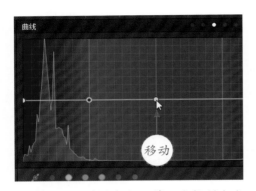
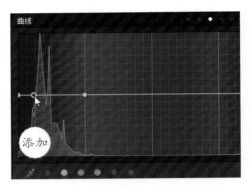

■ 图 5-19　移动鼠标至第 3 个控制点上　　■ 图 5-20　添加一个控制点

步骤07 选中添加的控制点并向上拖动，直至下方面板中"**输入色相**"参数显示为 263.2、"**亮度增益**"参数显示为 1.70，如图 5-21 所示。

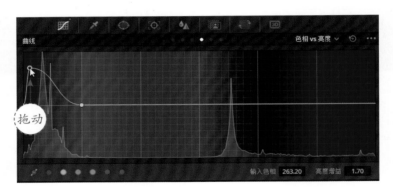

■ 图 5-21　向上拖动控制点

步骤08 执行上述操作后，即可在预览窗口中，查看色相范围元素提亮后的效果，如图 5-22 所示。

■ 图 5-22　查看色相范围元素提亮后的效果

5.2.4　曲线4：使用亮度 VS 饱和度调色

"**亮度 VS 饱和度**"曲线模式主要是在图像原本的色调基础上进行调整，而不是在色相范围的基础上调整。在"**亮度 VS 饱和度**"面板中，横轴的左边为黑色，表示图像画面的阴影部分，横轴的右边为白色，表示图像画面的高光位置，以水平曲线为界，上下拖动曲线上的控制点，可以降低或提高指定位置的饱和度。使用"**亮度 VS 饱和度**"曲线模式调色，可以根据需求在画面的阴影处或明亮处调整饱和度，下面通过实例操作进行介绍。

实战精通——落日余晖

步骤01 打开一个项目文件，如图 5-23 所示。

步骤02 在预览窗口中，可以查看打开的项目效果，如图 5-24 所示。需要将画面中天空的饱和度提高。

■图 5-23　打开一个项目文件

■图 5-24　查看打开的项目效果

步骤03 切换至"**调色**"步骤面板，展开"**亮度 VS 饱和度**"曲线面板，按住【Shift】键的同时，在水平曲线上单击鼠标左键添加一个控制点，如图 5-25 所示。

■图 5-25　添加一个控制点

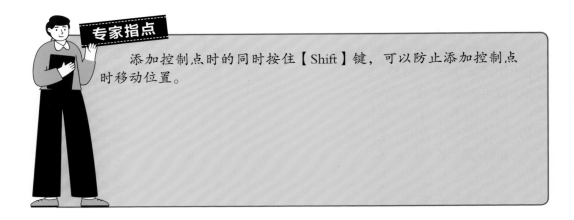

添加控制点时的同时按住【Shift】键，可以防止添加控制点时移动位置。

步骤04 然后选中添加的控制点并向上拖动，直至下方面板中"**输入亮度**"参数显示为 0.83、"**饱和度**"参数显示为 1.60，如图 5-26 所示。

■图 5-26　向上拖动控制点

步骤05 执行上述操作后，即可在预览窗口中，查看天空提高饱和度后的效果，如图 5-27 所示。

■图 5-27　查看天空提高饱和度后的效果

5.2.5　曲线 5：使用饱和度 VS 饱和度调色

"**饱和度 VS 饱和度**"曲线模式也是在图像原本的色调基础上进行调整，主要用于调节图像画面中过度饱和或者饱和度不够的区域。在"**饱和度 VS 饱和度**"面板中，横轴的左边为图像画面中的低饱和区，横轴的右边为图像画面中的高饱和区，以水平曲线为界，上下拖动曲线上的控制点，可以降低或提高指定区域的饱和度。

使用"**饱和度 VS 饱和度**"曲线模式调色，可以根据需求在画面的高饱和区或低饱和区调节饱和度，并且不会影响到其他部分，下面通过实例操作进行介绍。

实战精通——海角绝壁

步骤01　打开一个项目文件，如图 5-28 所示。

步骤02　在预览窗口中，可以查看打开的项目效果，如图 5-29 所示。根据素材图像可以将画面分为两个部分，一部分是海水区域，另一部分是绝壁区域，画面中绝壁区域为低饱和状态，需要在不影响海水区域的情况下，提高绝壁区域的饱和度。

■图 5-28　打开一个项目文件　　　　■图 5-29　查看打开的项目效果

步骤03　切换至"**调色**"步骤面板，展开"**饱和度 VS 饱和度**"曲线面板，按住【Shift】键的同时，在水平曲线的中间位置单击鼠标左键添加一个控制点，如图 5-30 所示。以此为分界点，左边为低饱和区，右边为高饱和区。

■图 5-30　添加一个控制点

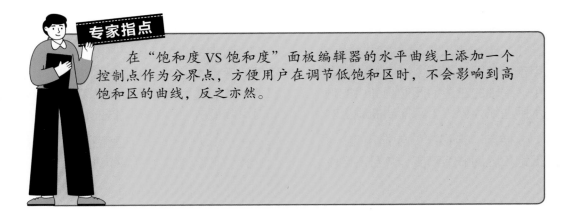

专家指点

在"饱和度 VS 饱和度"面板编辑器的水平曲线上添加一个控制点作为分界点，方便用户在调节低饱和区时，不会影响到高饱和区的曲线，反之亦然。

步骤 04 然后在低饱和区的曲线线段上单击鼠标左键，再次添加一个控制点，如图 5-31 所示。

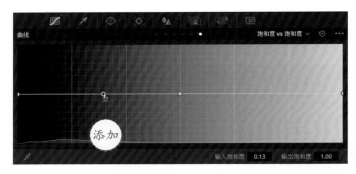

■图 5-31　再次添加一个控制点

步骤 05 选中添加的控制点并向上拖动，直至下方面板中"**输入饱和度**"参数显示为 008、"**输出饱和度**"参数显示为 2.00，如图 5-32 所示。

■图 5-32　向上拖动控制点

步骤 06 执行上述操作后，即可在预览窗口中，查看图像画面提高饱和度后的效果，如图 5-33 所示。

■图 5-33　查看天空提高饱和度后的效果

5.3 创建选区进行抠像调色

对素材图形进行抠像调色，是二级调色必学的一个环节。DaVinci Resolve 16 为用户提供了限定器功能面板，包含 4 种抠像操作模式，分别是 HSL 限定器、RGB 限定器、亮度限定器以及 3D 限定器，帮助用户对素材图像创建选区，把不同亮度、不同色调的部分画面分离出来，然后根据亮度、风格、色调等需求，对分离出来的部分画面进行针对性的色彩调节。

5.3.1 限定器 1：使用 HSL 限定器抠像调色

HSL 限定器主要通过"**拾色器**"工具 根据素材图像的色相、饱和度以及亮度来进行抠像。当用户使用"**拾色器**"工具在图像上进行色彩取样时，HSL 限定器会自动对选取部分的色相、饱和度以及亮度进行综合分析，下面通过实例操作进行介绍。

实战精通——玫瑰花香

步骤01 打开一个项目文件，如图 5-34 所示。

步骤02 在预览窗口中，可以查看打开的项目效果，如图 5-35 所示。需要在不改变画面中其他部分的情况下，将红色玫瑰改成蓝色玫瑰。

步骤03 切换至"**调色**"步骤面板，单击"**限定器**"按钮 ，如图 5-36 所示。展开 HSL 限定器面板。

■图 5-34　打开一个项目文件

■图 5-35　查看打开的项目效果

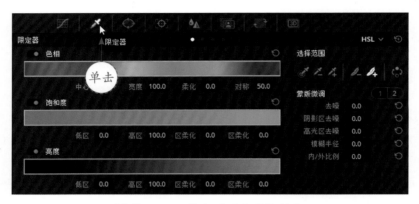

■图 5-36　单击"限定器"按钮

步骤04 在"**选择范围**"选项区中，单击"**拾色器**"按钮，如图 5-37 所示。执行操作后，光标随即转换为滴管工具。

步骤05 移动光标至检视器面板，在面板上方单击"**突出显示**"按钮，如图 5-38 所示。此按钮可以使被选取的抠像区域突出显示在画面中，未被选取的区域将会呈灰白色显示。

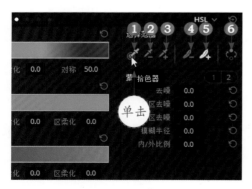

■图 5-37　单击"拾色器"按钮

■图 5-38　单击"突出显示"按钮

在"选择范围"选项区中共有6个工具按钮，其作用具体如下：

❶ "拾色器"按钮✎：单击"拾色器"按钮，光标即可变为滴管工具，可以在预览窗口中的图像素材上，单击鼠标左键或拖动光标，对相同颜色进行取样抠像。

❷ "减少色彩范围"按钮✎：其操作方法与"拾色器"工具一样，可以在预览窗口中的抠像上，通过单击或拖动光标减少抠像区域。

❸ "增加色彩范围"按钮✎：其操作方法与"拾色器"工具一样，可以在预览窗口中的抠像上，通过单击或拖动光标增加抠像区域。

❹ "减少柔化边缘"按钮✎：单击该按钮，在预览窗口中的抠像上，通过单击或拖动光标减弱抠像区域的边缘。

❺ "增强柔化边缘"按钮✎：单击该按钮，在预览窗口中的抠像上，通过单击或拖动光标优化抠像区域的边缘。

❻ "反转"按钮✎：单击该按钮，可以在预览窗口中反选未被选中的抠像区域。

步骤06 在预览窗口中单击鼠标左键，拖动光标选取玫瑰区域，如图5-39所示。由于水面中的玫瑰倒影也是红色，因此，在选取玫瑰区域时水面中的玫瑰倒影也会被选取，同时未被选取的区域画面呈灰白色显示。

■图5-39　选取玫瑰区域

步骤07 完成抠像后，切换至"**色相 VS 色相**"曲线面板，单击蓝色矢量色块，在曲线上添加三个控制点，选中第3个控制点，单击鼠标左键向上拖动，直至"**输入色相**"参数显示为219.43、"**色相旋转**"参数显示为180.00，如图5-40所示。

步骤08 执行上述操作后，即可将红玫瑰改为蓝玫瑰，再次单击"**突出显示**"按钮，恢复未被选取的区域画面，查看最终效果，如图5-41所示。

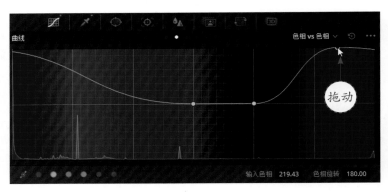

■图 5-40　拖动控制点调整色相

■图 5-41　查看最终效果

5.3.2　限定器 2：使用 RGB 限定器抠像调色

RGB 限定器主要根据红、绿、蓝三个颜色通道的范围和柔化来进行抠像。它可以更好地帮助用户解决图像上 RGB 色彩分离的情况，下面通过实例操作进行介绍。

实战精通——波涛滚滚

步骤01　打开一个项目文件，如图 5-42 所示。

步骤02　在预览窗口中，可以查看打开的项目效果，如图 5-43 所示。需要提高画面中蓝色区域的饱和度。

步骤03　切换至"**调色**"步骤面板，展开"**限定器**"面板，单击面板上方正中间位置的第 2 个圆圈，即可切换至 RGB 限定器选项面板，如图 5-44 所示。

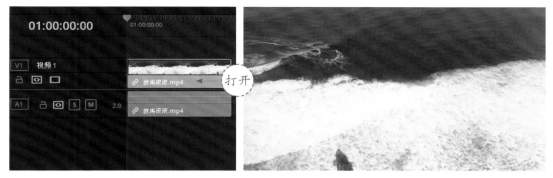

■图 5-42 打开一个项目文件　　　　　　■图 5-43 查看打开的项目效果

■图 5-44 切换至 RGB 选项面板

步骤04 在面板的"**选择范围**"选项区中，单击"**拾色器**"按钮，如图 5-45 所示。执行操作后，光标随即转换为滴管工具。

步骤05 移动光标至"**检视器**"面板，单击"**突出显示**"按钮，如图 5-46 所示。

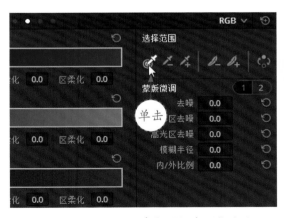

■图 5-45 单击"拾色器"按钮

■图 5-46 单击"突出显示"按钮

步骤06 在预览窗口中，单击鼠标左键拖动光标，选取蓝色海水的区域画面，如图 5-47 所示。此时未被选取的区域画面呈灰白色显示。

步骤07 完成抠像后，切换至"**色轮**"面板，在面板下方设置"**饱和度**"参数为90.00，如图 5-48 所示。

 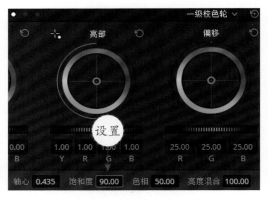

■图 5-47　选取蓝色海水区域画面　　　　■图 5-48　设置"饱和度"参数

步骤08 执行上述操作后，再次单击"**突出显示**"按钮，恢复未被选取的区域画面，查看最终效果，如图 5-49 所示。

■图 5-49　查看最终效果

5.3.3　限定器 3：使用亮度限定器抠像调色

"**亮度**"限定器选项面板跟 HSL 限定器选项面板中的布局有些类似，差别在于"**亮度**"限定器选项面板中的色相和饱和度两个通道是禁止使用的。也就是说，"**亮度**"限定器只能通过亮度通道来分析素材图像中被选取的画面，下面通过实例操作进行介绍。

实战精通——灯火璀璨

步骤01 打开一个项目文件，如图 5-50 所示。

步骤02 在预览窗口中，可以查看打开的项目效果，如图 5-51 所示。需要提高画面中灯光的亮度，使画面中的明暗对比更加明显。

■图 5-50 打开一个项目文件

■图 5-51 查看打开的项目效果

步骤03 切换至"**调色**"步骤面板，展开"**限定器**"面板，单击面板上方正中间位置的第 3 个圆圈◎，即可切换至"**亮度**"限定器选项面板，如图 5-52 所示。

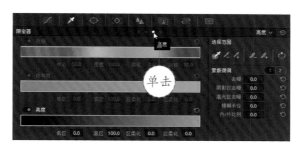

■图 5-52 切换至"亮度"选项面板

步骤04 在"**选择范围**"选项区中，单击"**拾色器**"按钮▨，如图 5-53 所示。

步骤05 在"**检视器**"面板上方，单击"**突出显示**"按钮▨，如图 5-54 所示。

■图 5-53 单击"拾色器"按钮

■图 5-54 单击"突出显示"按钮

步骤06 在预览窗口中，单击鼠标左键选取画面中最亮的一处，同时相同亮度范围中的画面区域也会被选取，如图 5-55 所示。

步骤07 在限定器面板中，"**亮度**"通道会自动分析选取画面的亮度范围，如图 5-56 所示。

■图 5-55 选取画面中最亮的一处

■图 5-56 自动分析亮度范围

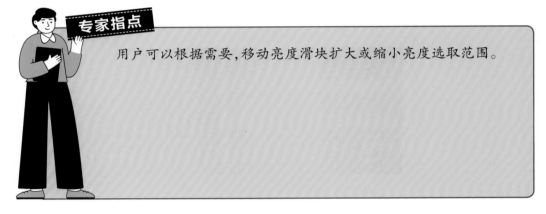

专家指点

用户可以根据需要,移动亮度滑块扩大或缩小亮度选取范围。

步骤08 完成抠像后,切换至"**色轮**"面板,单击"**亮度**"色轮下方的轮盘并向右拖动,直至 YRGB 参数均显示为 1.50,如图 5-57 所示。

步骤09 执行上述操作后,再次单击"**突出显示**"按钮,恢复未被选取的区域画面,查看最终效果,如图 5-58 所示。

■图 5-57 拖动"亮度"轮盘

■图 5-58 查看最终效果

5.3.4 限定器 4:使用 3D 限定器抠像调色

在 DaVinci Resolve 16 中,使用 3D 限定器对图像素材进行抠像调色,只需要在检视器面板的预览窗口中画一条线，选取需要进行抠像的图像画面，即可创建 3D 键控。用户对选取的画面色彩进行采样后，即可对采集到的颜色根据亮度、色相、饱和度等需求进行调色，下面通过实例操作进行介绍。

实战精通——城市之光

步骤 01 打开一个项目文件，如图 5-59 所示。

步骤 02 在预览窗口中，可以查看打开的项目效果，如图 5-60 所示。需要将图像中黄昏时照射在建筑上的光线提亮。

■图 5-59　打开一个项目文件　　　　■图 5-60　查看打开的项目效果

步骤 03 切换至"**调色**"步骤面板，展开"**限定器**"面板，单击面板上方正中间位置的第 4 个圆圈 ⬤，即可切换至 3D 限定器选项面板，如图 5-61 所示。

步骤 04 在"**选择范围**"选项区中，单击"**拾色器**"按钮 ⚲，在预览窗口中的图像画面上画一条线，如图 5-62 所示。

步骤 05 执行操作后，即可将采集到的颜色显示在限定器面板中，如图 5-63 所示。

■图 5-61　切换至"亮度"选项面板

123

■图 5-62　画一条线　　　　　　　　■图 5-63　显示采集到的颜色

专家指点

　　3D 限定器支持用户在图像上画多条线，每条线所采集到的颜色都会显示在 3D 限定器面板中，同时还显示了采集颜色的 RGB 参数值，如果用户多采集了一种颜色，可以单击采样条右边的删除按钮🗑进行清除。

步骤06 在"**检视器**"面板上方，单击"**突出显示**"按钮🪄，在预览窗口中查看被选取的区域画面，如图 5-64 所示。

■图 5-64　单击"突出显示"按钮

步骤07 切换至"**色轮**"面板，单击"**亮度**"色轮下方的轮盘并向右拖动，直至 YRGB 参数均显示为 1.60，如图 5-65 所示。

步骤08 执行上述操作后，再次单击"**突出显示**"按钮，恢复未被选取的区域画面，返回"**剪辑**"步骤面板，在预览窗口中查看最终效果，如图 5-66 所示。

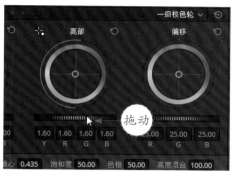

■图 5-65 拖动"亮度"轮盘　　　■图 5-66 查看最终效果

5.4　创建蒙版进行局部调色

前文向大家介绍了如何使用限定器创建选区，对素材画面进行抠像调色的操作方法，下面要介绍的是如何创建蒙版，对素材图形进行局部调色的操作方法，相对来说，蒙版调色更加方便用户对素材进行细节处理。

5.4.1　认识窗口面板

在达芬奇"**调色**"步骤面板中，"**限定器**"面板的右边就是"**窗口**"面板，如图 5-67 所示。用户可以使用"**四边形**"工具、"**圆形**"工具、"**多边形**"工具、"**曲线**"工具以及"**渐变**"工具在素材图像画面中绘制蒙版遮罩，对蒙版遮罩区域进行局部调色。

■图 5-67　"窗口"面板

在面板的右侧有两个选项区，分别是"**变换**"选项区和"**柔化**"选项区，当用户绘制蒙版遮罩时，可以在这两个选项区中对遮罩大小、宽高比、边缘柔化等参数进行微调，使需要调色的遮罩画面更加精准。

在"**窗口**"面板中，用户需要了解以下几个按钮的作用：

❶ **形状工具按钮** ：在"**窗口**"预设面板上方，有四边形、圆形、多边形、曲线以及渐变 5 个形状工具的按钮，单击任意一个形状工具按钮，即可在下方的"**窗口**"预设面板中新增一条相应的形状窗口。

❷ "**删除**"按钮 ：在"**窗口**"预设面板中选择新增的形状窗口，单击"**删除**"按钮，即可将形状窗口删除。

❸ "**窗口激活**"按钮 ：单击"**窗口激活**"按钮后，按钮四周会出现一个橘红色的边框 ，激活窗口后，即可在预览窗口中的图像画面上绘制蒙版遮罩，再次单击"**窗口激活**"按钮，即可关闭形状窗口。

❹ "**反向**"按钮 ：单击该按钮，可以反向选中素材图像上蒙版选区之外的画面区域。

❺ "**遮罩**"按钮 ：单击该按钮，可以将素材图像上的蒙版设置为遮罩，可以用于多个蒙版窗口进行布尔预算。

❻ "**全部重置**"按钮 ：单击该按钮，可以将图像上绘制的形状窗口全部清除重置。

5.4.2　调整形状：控制窗口遮罩蒙版的形状

应用"**窗口**"面板中的形状工具在图像画面上绘制选区，用户可以根据需要调整默认的蒙版尺寸大小、位置和形状，下面通过实例操作进行介绍。

实战精通——夕阳西下

步骤01 打开一个项目文件，如图 5-68 所示。

步骤02 在预览窗口中，可以查看打开的项目效果，如图 5-69 所示。可以将视频分为两个部分，一部分是沙滩，属于阴影区域，一部分为天空和海水，属于明亮区域，画面中天空和海水的颜色比较淡，没有落日的光彩，需要将明亮区域的光彩调浓一些。

步骤03 切换至"**调色**"步骤面板，单击"**窗口**"按钮 ，切换至"**窗口**"面板，如图 5-70 所示。

步骤04 在"**窗口**"预设面板中，单击多边形"**窗口激活**"按钮 ，如图 5-71 所示。

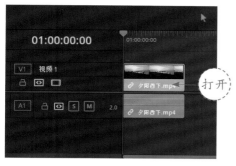

■图 5-68　打开一个项目文件

■图 5-69　查看打开的项目效果

■图 5-70　单击"窗口"按钮

■图 5-71　单击多边形"窗口激活"按钮

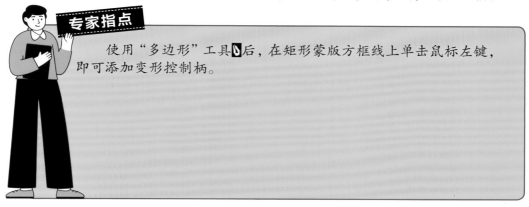

专家指点

使用"多边形"工具 后，在矩形蒙版方框线上单击鼠标左键，即可添加变形控制柄。

步骤05 在预览窗口的图像上会出现一个矩形蒙版，如图 5-72 所示。

步骤06 拖动蒙版四周的控制柄，调整蒙版位置和形状大小，如图 5-73 所示。

步骤07 执行操作后，展开"**色轮**"面板，单击"**亮部**"色轮中心的白色圆圈并向左上角的红色区块拖动，至合适位置后释放鼠标左键，如图 5-74 所示。

步骤08 返回"**剪辑**"步骤面板，在预览窗口中可以查看蒙版遮罩调色效果，如图 5-75 所示。

■图 5-72　出现一个矩形方框

■图 5-73　调整蒙版位置和形状大小

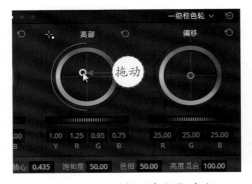

■图 5-74　调整"色轮"参数

■图 5-75　查看蒙版遮罩调色效果

5.4.3　合成计算：对多个窗口进行布尔运算

布尔运算是指使一些简单的几何图形联合、相交、相减生成一种新的形状图形的逻辑运算方法，通常用来测试真假值。在达芬奇"**窗口**"面板中，应用各种形状工具在素材图像上绘制的蒙版遮罩可以多个窗口交替使用，进行布尔运算，判断在使用过程中，测试的窗口交集效果是否适合继续执行使用，下面通过实例操作进行介绍。

实战精通——夕阳西下

步骤01　打开上一个效果项目文件，切换至"**调色**"步骤面板，在预览窗口中，可以查看打开的项目效果，如图 5-76 所示。

步骤02　在"**窗口**"预设面板中，单击圆形"**窗口激活**"按钮 ⭕，如图 5-77 所示。

步骤03　在预览窗口中会出现一个圆形蒙版，如图 5-78 所示。

步骤04　拖动蒙版四周的控制柄，调整蒙版位置和形状大小，如图 5-79 所示。

步骤05　在"**窗口**"预设面板中，单击圆形"**遮罩**"按钮 ⬤，如图 5-80 所示。

步骤06 在预览窗口中，查看两个形状交集的遮罩效果，如图 5-81 所示，检测结果可以明显区分遮罩前与遮罩后的图像颜色，画面感十分突兀，显然不适宜继续执行蒙版遮罩操作。

■图 5-76 查看打开的项目效果

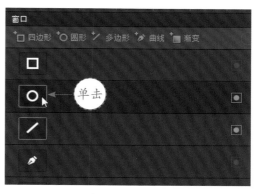

■图 5-77 单击圆形"窗口激活"按钮

■图 5-78 出现一个圆形蒙版

■图 5-79 调整蒙版位置和形状大小

■图 5-80 单击圆形"遮罩"按钮

■图 5-81 查看遮罩效果

5.4.4 重置形状：单独重置选定的形状窗口

在"**窗口**"面板右上角的角落处，有一个"**全部重置**"按钮 ，单击该按钮，可以将图像上绘制的形状窗口全部清除重置，非常适合用户绘制蒙版形状出错时进行批量清除操作。但是，当用户需要在多个形状窗口中，单独重置其中一个形状窗口时，该如何操作呢？下面通过实例进行介绍。

实战精通——碧海清波

步骤01 打开一个效果项目文件，如图 5-82 所示。

步骤02 在预览窗口中，可以查看打开的项目效果，如图 5-83 所示。

■图 5-82　打开一个项目文件

■图 5-83　查看打开的项目效果

步骤03 切换至"**调色**"步骤面板，在"**窗口**"预设面板中，已经激活了 3 个形状窗口，如图 5-84 所示。

■图 5-84　"窗口"预设面板

步骤04 在预览窗口中，可以查看画面上绘制的 3 个蒙版形状，如图 5-85 所示。

步骤05 在"**窗口**"预设面板中，选择曲线形状窗口，然后单击"**窗口**"面板右上角的设置按钮 ，在弹出的列表框中，选择"**重置选定的窗口**"选项，如图 5-86 所示。

步骤06 执行操作后，即可重置曲线形状窗口，预览窗口中橙色旗子上的蒙版已被清除，效果如图 5-87 所示。

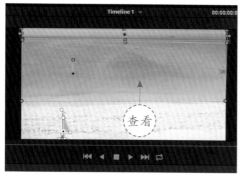

■图 5-85　查看绘制的 3 个蒙版形状

■图 5-86　选择相应选项

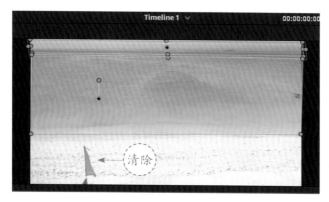

■图 5-87　查看预览窗口中的效果

5.5　使用跟踪与稳定功能来调色

在 DaVinci Resolve 16 "调色" 步骤面板中，有一个 "跟踪器" 功能面板，该功能比关键帧还实用，可以帮助用户锁定图像画面中的指定对象，下面主要介绍的是使用达芬奇跟踪和稳定功能辅助二级调色的方法。

5.5.1　跟踪：跟踪对象的多种运动变化

在 "跟踪器" 面板中，"跟踪" 模式可以用来锁定跟踪对象的多种运动变化，它为用户提供了 "平移" 跟踪类型、"竖移" 跟踪类型、"缩放" 跟踪类型、"旋转" 跟踪类型以及 3D 跟踪类型等多项分析功能，跟踪对象的运动路径会显示在面板中的曲线图上，"跟踪器" 面板如图 5-88 所示。

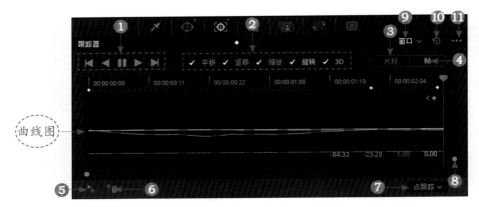

■图 5-88　"跟踪器"面板

"**跟踪器**"面板的各项功能按钮如下：

❶ **跟踪操作按钮** ⏮ ◀ ⏸ ▶ ⏭：这组按钮与导览面板上的播放按钮虽然相似，但作用却是不一样的，从左到右分别是"**向后跟踪一帧**""**反向跟踪**""**停止跟踪**"以及"**向前跟踪一帧**"，主要用于跟踪指定对象的运动画面。

❷ **跟踪类型** ✔ 平移 ✔ 竖移 ✔ 缩放 ✔ 旋转 ✔ 3D：在"**跟踪器**"面板中，共有 5 个跟踪类型，分别是平移、竖移、缩放、旋转以及 3D，选中相应类型前面的复选框，便可以开始跟踪指定对象，待跟踪完成后，会显示相应类型的曲线，根据这些曲线评估每个跟踪参数。

❸ "**片段**"按钮 片段：跟踪器默认状态为"**片段**"模式，方便对窗口进行整体移动。

❹ "**帧**"按钮 帧：单击该按钮，切换为"**帧**"模式，对窗口的位置和控制点进行关键帧制作。

❺ "**添加跟踪点**"按钮 ：单击该按钮，可以在素材图像的指定位置或指定对象上添加一个或多个跟踪点。

❻ "**删除跟踪点**"按钮 ：单击该按钮，可以删除图像上添加的跟踪点。

❼ **跟踪模式下拉按钮** 点跟踪 ∨：单击该按钮，在弹出的下拉菜单中有两个选项，一个是"**点跟踪**"，另一个是"**云跟踪**"，"**点跟踪**"模式可以在图像上创建一个或多个十字架跟踪点，并且可以手动定位图像上比较特别的跟踪点上；"**云跟踪**"模式可以自动跟踪图像上全部的跟踪点。

❽ **缩放滑块** ：在曲线图边缘，有两个缩放滑块，拖动纵向的滑块可以缩放曲线之间的间隙，拖动横向的滑块可以拉长或缩短曲线。

❾ **模式面板下拉按钮** 窗口 ∨：单击该下拉按钮，在弹出的下拉菜单中有三个模式，分别是窗口、稳定和 FX，系统默认下为"**窗口**"模式面板。

❿ "**全部重置**"按钮 ：单击该按钮，将重置在"**跟踪器**"面板中的所有操作。

⑪ **设置按钮** ：单击该按钮，将弹出"**跟踪器**"面板的隐藏设置菜单。

下面通过实例介绍"**窗口**"模式跟踪器的使用方法。

实战精通——含苞待放

步骤 01 打开一个项目文件，如图 5-89 所示。

步骤 02 在预览窗口中，可以查看打开的项目效果，如图 5-90 所示。需要对图像中的荷花进行调色。

■图 5-89　打开一个项目文件

■图 5-90　查看打开的项目效果

步骤 03 切换至"**调色**"步骤面板，在"**窗口**"预设面板中，单击曲线"**激活**"按钮 ，如图 5-91 所示。

步骤 04 在预览窗口中的荷花上，沿边缘绘制一个蒙版遮罩，如图 5-92 所示。

■图 5-91　单击多边形"激活"按钮

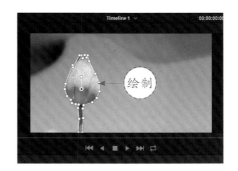

■图 5-92　绘制一个蒙版遮罩

步骤 05 切换至"**色轮**"面板，设置"**饱和度**"参数为 80.00，如图 5-93 所示。

步骤 06 在"**检视器**"面板中，单击"**正放**"按钮播放视频，在预览窗口中可以看到，当画面中荷花的位置发生变化时，绘制的蒙版依旧停在原处，蒙版位置没有发生任何变化，此时荷花与蒙版分离，调整的饱和度只用于蒙版选区，分离后的荷花饱和度便恢复了原样，如图 5-94 所示。

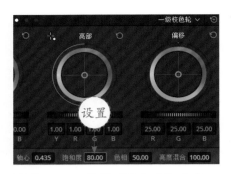

■图 5-93　设置"饱和度"参数　　　　　■图 5-94　荷花与蒙版分离

步骤 07 单击"**跟踪器**"按钮，展开"**跟踪器**"面板，如图 5-95 所示。

■图 5-95　展开"跟踪器"面板

专家指点

　　在图像上创建蒙版选区后，切换至"跟踪器"面板，系统自动切换添加跟踪点模式为"云跟踪"模式，该模式添加跟踪点的相关按钮如下。

　　❶ "交互模式"复选框 ▇ 交互模式：选中该复选框，即可开启自动跟踪交互模式。

　　❷ "插入"按钮 ▦：单击该按钮，可以在素材图像的指定位置或指定对象上，根据画面特征添加跟踪点。

　　❸ "设置跟踪点"按钮 ▦：单击该按钮，可以自动在图像选区画面添加跟踪点。

步骤 08 在下方选中"**交互模式**"复选框，单击"**插入**"按钮 ▦，如图 5-96 所示。

步骤 09 在上方面板中，单击"**正向跟踪**"按钮 ▶，如图 5-97 所示。

■ 图 5-96　单击"插入"按钮

■ 图 5-97　单击"正向跟踪"按钮

专家指点

　　跟踪器主要用来辅助蒙版遮罩或抠像调色，用户在应用跟踪器前，需要现在图像上创建选取，否则无法正常使用跟踪器。

步骤10　执行操作后，即可查看跟踪对象曲线图的变化数据，如图 5-98 所示。其中平移曲线的数据变化最明显。

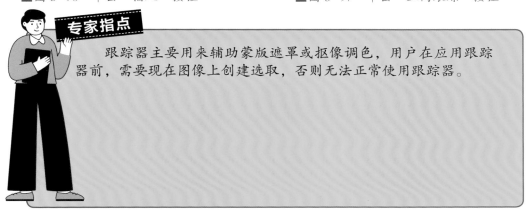

■ 图 5-98　查看曲线图的变化数据

步骤11　在"**检视器**"面板中，单击"**正放**"按钮播放视频，查看添加跟踪器后的蒙版效果，如图 5-99 所示。

步骤12　切换至"**剪辑**"步骤面板，查看最终的制作效果，如图 5-100 所示。

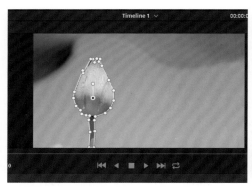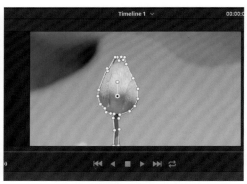

■图 5-99　查看添加跟踪器后的蒙版效果

■图 5-100　查看最终的制作效果

5.5.2　稳定：根据跟踪的对象进行稳定处理

当摄影师手抖或扛着摄影机走动时，拍出来的视频会出现画面抖动的情况，用户往往需要通过一些视频剪辑软件进行稳定处理，DaVinci Resolve 16 虽然是个调色软件，但也具有稳定器功能，可以稳定抖动的视频画面，帮助用户制作出效果更好的作品。

实战精通——许愿丝带

步骤01　打开一个项目文件，如图 5-101 所示。

步骤02　在预览窗口中，可以查看打开的项目效果，如图 5-102 所示。可以看到图像画面有轻微晃动，需要对图像进行稳定处理。

步骤03　切换至"调色"步骤面板，在"跟踪器"面板的右上角单击模式面板下拉按钮，在弹出的下拉菜单中，选择"稳定器"选项，如图 5-103 所示。

步骤04　执行操作后，即可切换至"稳定器"模式面板，如图 5-104 所示。

■图 5-101 打开一个项目文件

■图 5-102 查看打开的项目效果

■图 5-103 选择"稳定器"选项

■图 5-104 切换至"稳定器"模式面板

步骤05 用户可以在面板下方微调裁切比率、平滑度等设置参数，然后单击"**稳定**"按钮，如图 5-105 所示。

步骤06 执行操作后，即可通过稳定器稳定抖动画面，曲线图变化参数如图 5-106 所示。在预览窗口中，单击"**正放**"按钮即可查看稳定效果。

■图 5-105 单击"稳定"按钮

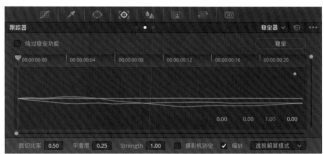

■图 5-106 曲线图变化参数

专家指点

在"稳定器"面板中，还有一个传统稳定器功能，其作用与上述功能一致，也是用于稳定抖动的视频画面，但其与功能面板不同，启动操作如下：

单击"稳定器"面板右上角的设置按钮 ，弹出下拉列表框，选择"传统稳定器"选项，如图 5-107 所示。即可切换至"传统稳定器"面板，该面板与"窗口"跟踪器面板有些相似，单击跟踪操作按钮，即可显示曲线图，如图 5-108 所示。

■ 图 5-107　选择"传统稳定器"选项

■ 图 5-108　"传统稳定器"面板

5.6　使用 Alpha 通道控制调色的区域

一般来说，图片或视频都带有表示颜色信息的 RGB 通道和表示透明信息的 Alpha 通道。Alpha 通道由黑白图表示图片或视频的图像画面，其中白色代表图像中完全不透明的画面区域，黑色代表图像中完全透明的画面区域，灰色代表图像中半透明的画面区域。下面介绍使用 Alpha 通道控制调色区域的方法和技巧。

5.6.1　认识"键"面板

在 DaVinci Resolve 16 中，"键"指的是 Alpha 通道，用户可以在节点上绘制遮罩窗口或抠像选区来制作"键"，通过调整节点控制素材图像调色的区域。如图 5-109 所示为达芬奇"键"面板。

■图 5-109 "键"面板

"键"面板的各项功能按钮如下：

❶ **键类型**：选择不同的节点类型，键类型会随之转变。

❷ "**全部重置**"按钮：单击该按钮，将重置在"键"面板中的所有操作。

❸ "**反向**"按钮：单击该按钮，可以将反向键输入的抠像。

❹ "**遮罩**"按钮：单击该按钮，可以将键转换为遮罩。

❺ **增益**：在后方的文本框中将参数提高，可以使键输入的白点更白，降低文本框内的参数则相反，增益值不影响键的纯黑色。

❻ **模糊半径**：设置该参数，可以调整键输入的模糊度。

❼ **偏移**：设置该参数，可以调整键输入的整体亮度。

❽ **模糊水平 / 垂直**：设置该参数，可以在键输入上横向控制模糊的比例。

❾ **键图示**：直观显示键的图像，方便用户查看。

5.6.2 使用 Alpha 通道进行视频调色

在 DaVinci Resolve 16 中，当用户在"**节点**"面板中选择一个节点后，可以通过设置"**键**"面板上的参数来控制节点输入或输出的 Alpha 通道数据。下面介绍使用 Alpha 通道进行视频调色的操作。

实战精通——美景风光

步骤 01 打开一个项目文件，如图 5-110 所示。

步骤 02 在预览窗口中，可以查看打开的项目效果，如图 5-111 所示。需要通过设置"键"面板中的参数提高图像左下角画面区域的亮度。

■图 5-110　打开一个项目文件　　　　　　　　■图 5-111　查看打开的项目效果

步骤03 切换至"**调色**"步骤面板，在"**节点**"面板中选择编号为 01 的校正器节点，如图 5-112 所示。

步骤04 单击鼠标右键，在快捷菜单中选择"**添加节点**"|"**添加外部节点**"选项，如图 5-113 所示。

步骤05 添加一个编号为 02 的校正器节点，将 01 节点上的"**键输入**" ▶与"**源**" ●相连，如图 5-114 所示。

步骤06 选择编号为 02 的校正器节点，如图 5-115 所示。

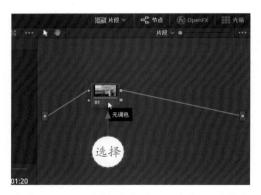

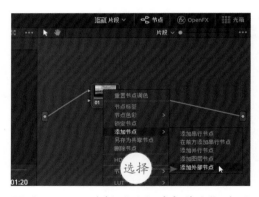

■图 5-112　选择编号为 01 的校正器节点　　　■图 5-113　选择"添加外部节点"选项

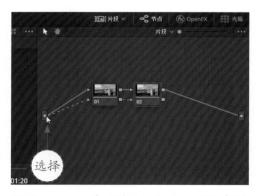

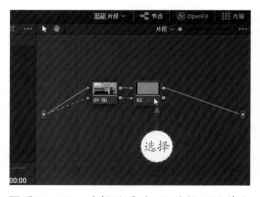

■图 5-114　将"键输入"与"源"相连　　　　■图 5-115　选择编号为 02 的校正器节点

步骤07　切换至"**窗口**"面板，单击多边形"**窗口激活**"按钮，如图 5-116 所示。

步骤08　在预览窗口中的左下角，绘制一个多边形蒙版遮罩，如图 5-117 所示。选取图像中需要提亮的画面区域。

■图 5-116　单击多边形"窗口激活"按钮　　　■图 5-117　绘制一个多边形蒙版遮罩

步骤09　切换至"**跟踪器**"面板，在下方选中"**交互模式**"复选框，单击"**插入**"按钮，如图 5-118 所示。

步骤10　在上方面板中，单击"**正向跟踪**"按钮，如图 5-119 所示。

■图 5-118　单击"插入"按钮　　　　　　■图 5-119　单击"正向跟踪"按钮

步骤11　执行操作后，即可跟踪选区运动画面，如图 5-120 所示。

步骤12　将时间移至视频开头，单击"**键**"按钮，切换至"**键**"面板，如图 5-121 所示。

步骤13　切换至"**色轮**"面板，在"**亮部**"色轮左上角，单击"**选取白场**"按钮，如图 5-122 所示。

步骤14　然后在预览窗口中的合适位置处，单击鼠标左键进行选取，如图 5-123 所示。

■图 5-120　跟踪选区运动画面

■图 5-121　切换至"键"面板

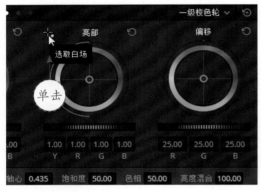

■图 5-122　单击"选取白场"按钮

■图 5-123　单击鼠标左键进行选取

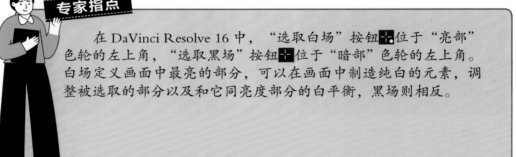

专家指点

在 DaVinci Resolve 16 中，"选取白场"按钮➕位于"亮部"色轮的左上角，"选取黑场"按钮➕位于"暗部"色轮的左上角。白场定义画面中最亮的部分，可以在画面中制造纯白的元素，调整被选取的部分以及和它同亮度部分的白平衡，黑场则相反。

步骤15 执行操作后，"**亮度**"色轮下方的 YRGB 参数发生了相应的改变，色轮中间的白色圆圈也变换了位置，如图 5-124 所示。

步骤16 切换至"键"面板，在"**键输出**"选项区中"**偏移**"右侧的文本框中输入参数 0.050，将遮罩画面中的色调调亮，如图 5-125 所示。

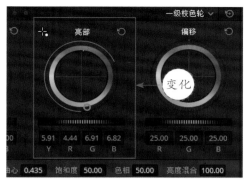

■图5-124　"亮度"色轮参数变化

■图5-125　跟踪选区运动画面

步骤17 执行上述操作后，切换至"**剪辑**"步骤面板，在预览窗口中查看最终的画面效果，如图5-126所示。

■图5-126　查看最终的画面效果

5.7 使用"模糊"功能虚化视频画面

在DaVinci Resolve 16"调色"步骤面板中，"模糊"面板有三种不同的操作模式，分别是"模糊""锐化"以及"雾化"，每种模式都有独立的操作面板，用户可以配合限定器、窗口、跟踪器等功能对图像画面进行二级调色。

5.7.1　模糊：对视频局部进行模糊处理

在"**模糊**"功能面板中，"**模糊**"操作模式面板是该功能的默认面板，通过调整面板中的通道滑块，可以为图像制作出高斯模糊效果。

在"**模糊**"操作模式面板中一共显示了三组调节通道，如图5-127所示，分别是

"**半径**""水平 / 垂直比率"以及"**缩放比例**",其中只有"**半径**"和"**水平 / 垂直比率**"两组通道可以调控操作,"**缩放比例**"通道和下方面板中的"**核心柔化**""**级别**""**混合**"都不可调控操作。

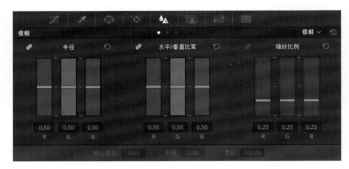

■图 5-127 "模糊"操作模式面板

通道的左上角都有一个链接按钮 ,默认情况下链接按钮为启动状态,单击该按钮关闭链接,即可单独调节 RGB 控制条上的滑块,启动链接即可同时调节三个控制条的滑块。

将"**半径**"通道的滑块往上调整,可以增加图像的模糊度,往下调整则可以降低模糊增加锐化。将"水平 / 垂直比率"通道的滑块往上调整,被模糊或锐化后的图像会沿水平方向扩大影响范围,将"水平 / 垂直比率"通道的滑块往下调整,被模糊或锐化后的图像则会沿垂直方向扩大影响范围。

下面通过实例操作介绍对视频局部进行模糊处理的操作方法。

实战精通——荷花盛开

步骤01 打开一个项目文件,如图 5-128 所示。

步骤02 在预览窗口中,可以查看打开的项目效果,如图 5-129 所示。需要对图像中的荷叶进行模糊处理,突出开放的荷花。

■图 5-128 打开一个项目文件

■图 5-129 查看打开的项目效果

步骤 03 切换至"**调色**"步骤面板，在"**窗口**"预设面板中，单击曲线"**窗口激活**"按钮 ，如图 5-130 所示。

步骤 04 在预览窗口中，绘制一个曲线蒙版遮罩，选取图像中的荷花，如图 5-131 所示。

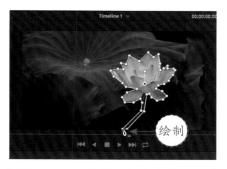

■图 5-130 单击曲线"窗口激活"按钮　　　■图 5-131 绘制一个曲线蒙版遮罩

步骤 05 在"**窗口**"预设面板中，单击曲线"**反向**"按钮 ，如图 5-132 所示。反向选取图像画面中的荷叶。

步骤 06 在"**柔化**"选项区中，设置"**柔化 1**"参数为 0.5，柔化选区边缘，如图 5-133 所示。

■图 5-132 单击曲线"反向"按钮　　　■图 5-133 设置"柔化 1"参数

步骤 07 切换至"**跟踪器**"面板，在下方选中"**交互模式**"复选框，单击"**插入**"按钮 ，插入特征跟踪点，然后单击"**正向跟踪**"按钮 ，跟踪图像运动路径，如图 5-134 所示。

■图 5-134 单击"正向跟踪"按钮

步骤08 单击"模糊"按钮▲，切换至"**模糊**"面板，如图 5-135 所示。

步骤09 向上拖动"**半径**"通道 RGB 控制条上的滑块，直至 RGB 参数均显示为 0.80，如图 5-136 所示。

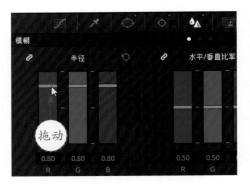

■ 图 5-135　切换至"模糊"面板　　　　■ 图 5-136　拖动控制条上的滑块

步骤10 执行操作后，即可完成对视频局部进行模糊处理的操作，切换至"**剪辑**"步骤面板，在预览窗口中查看制作效果，如图 5-137 所示。

■ 图 5-137　查看制作效果

5.7.2　锐化：对视频局部进行锐化处理

虽然在"**模糊**"操作模式面板中，降低"**半径**"通道的 RGB 参数可以提高图像的锐化度，但"**锐化**"操作模式面板是专门用来调整图像锐化操作的功能，如图 5-138 所示。

■ 图 5-138　"锐化"操作模式面板

相较于"**模糊**"操作面板而言，"**锐化**"操作模式面板中除了"**混合**"参数无法调控设置外，"**缩放比例**""**核心柔化**"以及"**级别**"均可进行调控设置。这 3 个控件作用如下：

➤ 缩放比例："**缩放比例**"通道的作用取决于"**半径**"通道的参数设置，当"**半径**"通道 RGB 参数值在 0.5 或以上时，"**缩放比例**"通道不会起作用，当"**半径**"通道 RGB 参数值在 0.5 以下时，向上拖动"**缩放比例**"通道滑块，可以增加图像画面锐化的量，向下拖动"**缩放比例**"通道滑块，可以减少图像画面锐化的量。

➤ 核心柔化和级别：核心柔化和级别是配合使用的，两者是相互影响的关系。"**核心柔化**"主要作用于调节图像中没有锐化的细节区域，当"**级别**"参数值为 0 时，"**核心柔化**"能锐化的细节区域不会发生太大的变化，当"**级别**"参数值越高（最大值为 100.0），"**核心柔化**"能锐化的细节区域影响越大。

下面通过实例操作介绍对视频局部进行锐化处理的操作方法。

实战精通——美丽茶花

步骤 **01** 打开一个项目文件，如图 5-139 所示。

步骤 **02** 在预览窗口中，可以查看打开的项目效果，如图 5-140 所示。画面中的茶花非常漂亮，由于在拍摄过程中镜头一直对着茶花聚焦，导致茶花下面的树叶有些模糊，需要对茶花外的画面区域进行锐化处理，使树叶上的脉络更加清晰。

■图 5-139 打开一个项目文件　　　　■图 5-140 查看打开的项目效果

步骤 **03** 切换至"**调色**"步骤面板，在"**窗口**"预设面板中，单击圆形"**窗口激活**"按钮✍和"**反向**"按钮⬤，如图 5-141 所示。

步骤 **04** 在预览窗口中，绘制一个圆形蒙版遮罩，如图 5-142 所示。

步骤 **05** 切换至"**跟踪器**"面板，在下方选中"**交互模式**"复选框，单击"**插入**"按钮▦，插入特征跟踪点，然后单击"**正向跟踪**"按钮▶，跟踪图像运动路径，如图 5-143 所示。

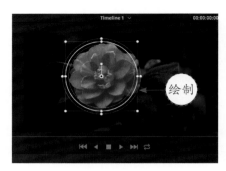

■图 5-141　单击圆形"窗口激活"按钮　　　■图 5-142　绘制一个圆形蒙版遮罩

■图 5-143　单击"正向跟踪"按钮

步骤06　切换至"**模糊**"面板，单击面板右上角的下拉按钮，在弹出的下拉列表框中选择"**锐化**"选项，如图 5-144 所示。

步骤07　切换至"**锐化**"操作模式面板，向下拖动"**半径**"通道 RGB 控制条上的滑块，直至 RGB 参数均显示为 0.00，如图 5-145 所示。

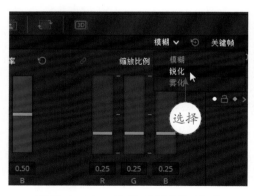

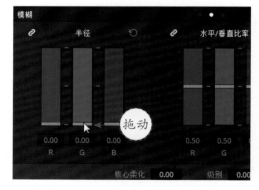

■图 5-144　选择"锐化"选项　　　■图 5-145　拖动控制条上的滑块

步骤08　执行操作后，即可完成对视频局部进行锐化处理的操作，切换至"**剪辑**"步骤面板，在预览窗口中查看制作效果，如图 5-146 所示。

■图 5-146　查看制作效果

5.7.3　雾化：对视频局部进行雾化处理

在前两个案例中，用户通过上下调节"**半径**"通道的控制条滑块，可以直接制作视频画面的模糊或锐化效果，"**雾化**"操作模式与前两种操作模式不同，它需要结合"**混合**"功能一起使用，"**雾化**"操作模式面板如图 5-147 所示。

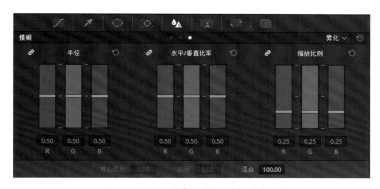

■图 5-147　"雾化"操作模式面板

通过学习前文可以了解"**半径**"通道默认 RGB 参数值为 0.50，往上拖动滑块可以制作模糊效果，往下拖动滑块可以制作锐化效果。在"**雾化**"操作模式面板中，当用户向下拖动"**半径**"通道滑块使参数值变小时，降低"**混合**"参数值，即可制作出画面雾化的效果。

下面通过实例操作介绍对视频局部进行雾化处理的操作方法。

实战精通——魅力之都

步骤01　打开一个项目文件，如图 5-148 所示。

步骤02　在预览窗口中，可以查看打开的项目效果，如图 5-149 所示，需要对图像画面制作出雾化朦胧的效果。

■图 5-148　打开一个项目文件

■图 5-149　查看打开的项目效果

步骤03　切换至"**模糊**"面板，单击面板右上角的下拉按钮，在弹出的下拉列表框中选择"**雾化**"选项，如图 5-150 所示。

步骤04　切换至"**雾化**"操作模式面板，选中"**混合**"后面的文本框，输入参数为 0.00，如图 5-151 所示。

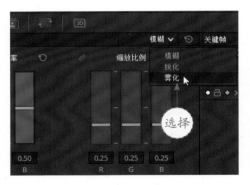

■图 5-150　选择"雾化"选项

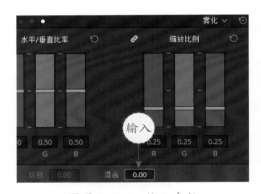

■图 5-151　输入参数

步骤05　单击"**半径**"通道左上角的链接按钮 ![]，断开 RGB 控制条的链接，如图 5-152 所示。

步骤06　向下拖动"**半径**"通道 RGB 控制条上的滑块，直至 RGB 参数分别显示为 0.35、0.35、0.50，如图 5-153 所示。

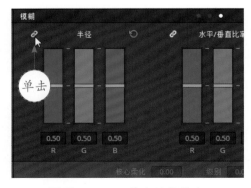

■图 5-152　单击链接按钮

■图 5-153　拖动控制条上的滑块

步骤 07 执行操作后，即可完成对视频局部进行雾化处理的操作，切换至"**剪辑**"步骤面板，在预览窗口中查看制作效果，如图 5-154 所示。

■图 5-154　查看制作效果

第6章 提高进阶:
通过节点对视频调色

学习提示

　　节点是达芬奇调色软件非常重要的功能之一,它可以帮助用户更好地对图像画面进行调色处理,灵活使用达芬奇调色节点,可以实现各种精彩的视频效果。本章主要介绍的是掌握节点的基础知识并通过节点对视频进行调色等内容。

6.1 掌握节点的基础知识

在 DaVinci Resolve 16 中，用户可以将节点理解成处理图像画面的"层"（例如 Photoshop 软件中的图层），一层一层画面叠加组合形成特殊的图像效果。每一个节点都可以独立进行调色校正处理，用户可以通过更改节点连接调整节点调色顺序或组合方式。下面向大家介绍达芬奇调色节点的基础知识。

6.1.1 打开"节点"面板

在 DaVinci Resolve 16 中，"**节点**"面板位于"**调色**"步骤面板的右上角，下面向大家介绍在达芬奇软件中打开"**节点**"面板的具体操作。

实战精通——横跨两岸

步骤01 打开一个项目文件，如图 6-1 所示。

步骤02 在预览窗口中，可以查看打开的项目效果，如图 6-2 所示。

■图 6-1　打开一个项目文件

■图 6-2　查看打开的项目效果

步骤03 切换至"**调色**"步骤面板，在右上角单击"**节点**"按钮 ，如图 6-3 所示。

步骤04 执行操作后，即可打开"**节点**"面板，如图 6-4 所示。再次单击"**节点**"按钮即可隐藏面板。

■图 6-3 单击"节点"按钮

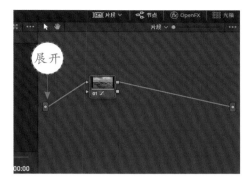

■图 6-4 展开"节点"面板

6.1.2 认识"节点"面板各功能

在达芬奇"**节点**"面板中，通过编辑节点可以实现合成图像，对一些合成经验少的读者而言，会觉得达芬奇的节点功能很复杂，下面通过一个节点网向大家介绍"**节点**"面板中的各个功能，如图 6-5 所示。

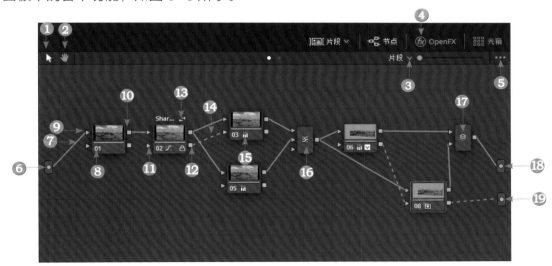

■图 6-5 "节点"面板中的节点网示例图

在"**窗口**"面板中，用户需要了解以下几个按钮的作用：

❶ "**选择**"工具 ▶：在"**节点**"面板中，默认状态下光标呈箭头形状 ▶，表示为"**选择**"工具，应用"**选择**"工具可以选择面板中的节点，并通过拖动的方式在面板中移动所选节点的位置。

❷ "**平移**"工具 ✋：单击"**平移**"工具，即可使面板中的光标呈手掌形状 ✋，单击鼠标左键后，光标呈抓手形状 ✊，此时上下左右拖动面板，即可对面板中所有的节点执行上下左右平移操作。

❸ **节点模式下拉菜单按钮**▾：单击该按钮，弹出下拉菜单列表框，其中有两种节点模式，分别是"**片段**"和"**时间线**"，默认状态下为"**片段**"节点模式。在"**片段**"模式面板中调节的是当前素材片段的调色节点，而在"**时间线**"模式面板中调节的是"**时间线**"面板中所有素材片段的调色节点。

❹ **缩放滑块**●：通过左右拖动滑块调节面板中节点显示的大小。

❺ **快捷设置按钮**⋯：单击该按钮，可以在弹出的快捷菜单列表框中选择相应选项设置"**节点**"面板。

❻ "**源**"图标▮：在"**节点**"面板中，"**源**"图标是一个绿色的标记，表示素材片段的源头，从"**源**"向节点传递素材片段的 RGB 信息。

❼ **RGB 信息连接线**：RGB 信息连接线以实线显示，是两个节点间接收信息的枢纽，可以将上一个节点的 RGB 信息传递给下一个节点。

❽ **节点编号**01：在"**节点**"面板中，每一个节点都有一个编号，主要根据节点添加的先后顺序来编号，但节点编号不一定是固定的。例如，当用户删除 02 节点后，03 节点的编号便会更改为 02。

❾ "**RGB 输入**"图标▶：在"**节点**"面板中，每个节点的左侧都有一个绿色的三角形图标，该图标即是"RGB 输入"图标，表示素材 RGB 信息的输入。

❿ "**RGB 输出**"图标■：在"**节点**"面板中，每个节点的右侧都有一个绿色的方块图标，该图标即是"RGB 输出"图标，表示素材 RGB 信息的输出。

⓫ "**键输入**"图标▶：在"**节点**"面板中，每个节点的左侧都有一个蓝色的三角形图标，该图标即是"**键输入**"图标，表示素材 Alpha 信息的输入。

⓬ "**键输出**"图标■：在"**节点**"面板中，每个节点的右侧都有一个蓝色的方块图标，该图标即是"**键输出**"图标，表示素材 Alpha 信息的输出。

⓭ **共享节点**：在节点上单击鼠标右键，弹出快捷菜单，选择"**另存为共享节点**"选项，即可将选择的节点设置为共享节点，在共享节点上方会有一个共享节点标签 Shar...↩，并且节点图标上会出现一个锁定图标🔒，该节点的调色信息即可共享给其他片段，当用户调整共享节点的调色信息时，其他被共享的片段也会随之改变。

⓮ **Alpha 信息连接线**：Alpha 信息连接线以虚线显示，连接"**键输入**"图标与"**键输出**"图标，在两个节点中传递 Alpha 通道信息。

⓯ **调色提示图标**▥：当用户在选择的节点上进行调色处理后，在节点编号的右边会出现相应的调色提示图标。

⓰ "**图层混合器**"节点：在达芬奇"**节点**"面板中，不支持多个节点同时连接一个 RGB 输入图标。因此，当用户需要进行多个节点叠加调色时，需要添加并行混合器或图层混合器节点进行重组输出。"**图层混合器**"节点在叠加调色时，会按上下顺序优先选择连接最低输入图标的那个节点进行信息分配。

⑰ "**并行混合器**"节点：当用户在现有的校正器节点上添加并行节点时，添加的并行节点会出现在现有节点的下方，"**并行混合器**"节点会显示在校正器节点和并行节点的输出位置，"**并行混合器**"节点和"**图层混合器**"节点一样，支持多个输入连接图标和一个输出连接图标，但其作用与"**图层混合器**"节点不同，"**并行混合器**"节点主要是将并列的多个节点的调色信息汇总后输出。

⑱ "**RGB 最终输出**"图标■：在"**节点**"面板中，"RGB 最终输出"图标是一个绿色的标记，当用户调色完成后，需要通过连接该图标才能将片段的 RGB 信息进行最终输出。

⑲ "**Alpha 最终输出**"图标■：在"**节点**"面板中，"Alpha 最终输出"图标是一个蓝色的标记，图像调色完成后，需要连接该图标才能将片段的 Alpha 通道信息进行最终输出。

6.2 通过节点对视频进行调色

"节点"面板中有多种节点类型，包括"校正器"节点、"并行混合器"节点、"图层混合器"节点、"键混合器"节点、"分离器"节点以及"结合器"节点等，默认状态下，展开"节点"面板，面板上显示的节点为"校正器"节点。当用户选择"节点"面板中添加的节点后，即可通过节点对视频进行调色。

6.2.1 技巧 1：运用串行节点调色

在达芬奇中，串行节点调色是最简单的节点组合，上一个节点的 RGB 调色信息会通过 RGB 信息连接线传递输出作用于下一个节点上，基本上可以满足用户的调色需求，下面通过实例向大家介绍运用串行节点调色的操作方法。

实战精通——桥上车影

步骤 01 打开一个项目文件，如图 6-6 所示。显示的图像画面明显偏暗，桥上的车影几乎看不清楚，需要通过调色节点逐步调整，使桥上的车影可以更加清晰。

步骤 02 切换至"**调色**"步骤面板，在"**节点**"面板中，选择编号为 01 的节点，如图 6-7 所示。

■图 6-6 打开一个项目文件

■图 6-7 选择编号为 01 的节点

步骤03 切换至"**自定义**"曲线面板，在曲线的合适位置添加一个控制点并拖动至合适位置处，如图 6-8 所示。

步骤04 执行操作后，即可提高图像中阴影区域的亮度，效果如图 6-9 所示。

■图 6-8 单击"节点"按钮

■图 6-9 提高图像中阴影区域的亮度

步骤05 在"**节点**"面板编号 01 的节点上，单击鼠标右键，弹出快捷菜单，选择"**添加节点**"|"**添加串行节点**"选项，如图 6-10 所示。

步骤06 即可添加一个编号 02 的串行节点，如图 6-11 所示。由于串行节点是上下层关系，上层节点的调色效果会传递给下层节点。因此，新增的 02 节点会保持 01 节点的调色效果，在 01 节点调色的基础上，即可继续在 02 节点上进行调色。

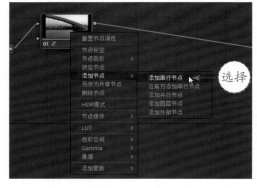

■图 6-10 选择"添加串行节点"选项

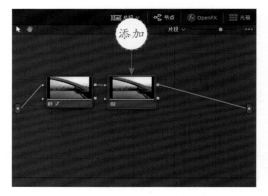

■图 6-11 添加一个串行节点

步骤 07 切换至"**一级校色条**"面板中，在"**亮部**"通道中，通过拖动控制条，设置 R 参数为 1.21、G 参数为 0.95、B 参数为 0.90，如图 6-12 所示。

步骤 08 执行操作后，即可将图像画面设置成暖色调，效果如图 6-13 所示。

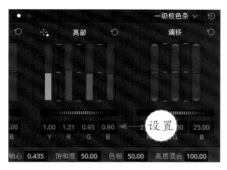

■图 6-12 设置"亮部"通道参数

■图 6-13 将图像画面设置成暖色调

步骤 09 在"**节点**"面板中，继续使用以上相同的方法添加一个串行节点，效果如图 6-14 所示。

步骤 10 然后在"**一级校色条**"面板中，设置"**饱和度**"参数为 70.00，如图 6-15 所示。

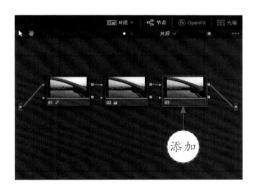

■图 6-14 再次添加一个串行节点

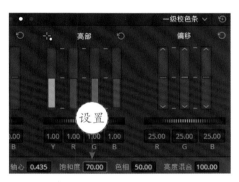

■图 6-15 设置"饱和度"参数

步骤 11 执行上述操作后，切换至"**剪辑**"步骤面板，在预览窗口中即可查看运用串行节点调色的最终效果，如图 6-16 所示。

■图 6-16 查看最终效果

6.2.2 技巧 2：运用并行节点调色

在达芬奇中，并行节点的作用是把并行结构的节点之间的调色结果进行叠加混合，下面通过实例向大家介绍运用并行节点调色的操作方法。

实战精通——景色怡人

步骤 01 打开一个项目文件，如图 6-17 所示。显示的图像画面饱和度有些欠缺，需要提高画面饱和度，素材图像画面可以分为海岸和天空海水两个区域进行调色。

步骤 02 切换至"**调色**"步骤面板，在"**节点**"面板中，选择编号为 01 的节点，如图 6-18 所示。

■图 6-17　打开一个项目文件

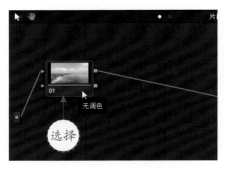

■图 6-18　选择编号为 01 的节点

步骤 03 在"**检视器**"面板中，单击"**突出显示**"按钮，方便查看后续调色效果，如图 6-19 所示。

步骤 04 切换至"**限定器**"面板，应用"**拾色器**"工具在预览窗口的图像上，选取天空海水区域画面，如图 6-20 所示。未被选取的海岸区域和少量云朵区域则呈灰色画面显示在预览窗口中。

■图 6-19　单击"突出显示"按钮

■图 6-20　选取天空海水区域画面

步骤 05 在"**节点**"面板中，可以查看选取区域画面后 01 节点缩略图显示的画面效果，如图 6-21 所示。

步骤06 切换至"**色轮**"面板，设置"**饱和度**"参数为 85.00，如图 6-22 所示。

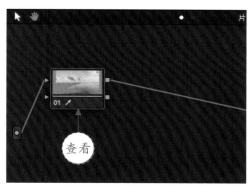
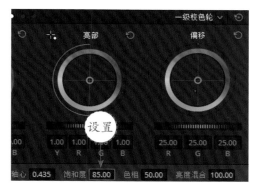

■图 6-21　查看 01 节点缩略■图　　　　　■图 6-22　设置"饱和度"参数

步骤07 在"**检视器**"面板中取消"**突出显示**"，在预览窗口中查看画面效果，如图 6-23 所示。

■图 6-23　查看画面效果

步骤08 再次单击"**突出显示**"按钮，在"**节点**"面板中选中 01 节点，单击鼠标右键，弹出快捷菜单，选择"**添加节点**"|"**添加并行节点**"选项，如图 6-24 所示。

步骤09 执行操作后，即可在 01 节点的下方和右侧添加一个编号为 03 的并行节点和一个"**并行混合器**"节点，如图 6-25 所示。与串行节点不同，并行节点的 RGB 输入连接的是"源"图标，01 节点调色后的效果并未输出到 03 节点上，而是输出到了"**并行混合器**"节点上，因此，03 节点显示的图像 RGB 信息还是原素材图像信息。

步骤10 切换至"**限定器**"面板中，单击"**拾色器**"按钮，如图 6-26 所示。

步骤11 在预览窗口的图像上，再次选取天空海水区域画面，然后返回"**限定器**"面板，单击"**反转**"按钮，如图 6-27 所示。

■图 6-24　选择"添加并行节点"选项

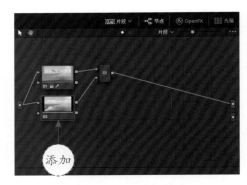

■图 6-25　添加节点

■图 6-26　单击"拾色器"选项

■图 6-27　单击"反转"按钮

步骤12　在预览窗口中，可以查看选取的海岸区域画面，如图 6-28 所示。

步骤13　切换至**"色轮"**面板，设置**"饱和度"**参数为 70.00，如图 6-29 所示。

步骤14　在预览窗口中，可以查看选取的海岸区域画面饱和度提高后的画面效果，如图 6-30 所示。

步骤15　执行上述操作后，最终的调色效果会通过**"节点"**面板中的**"并行混合器"**节点将 01 和 03 两个节点的调色信息综合输出，切换至**"剪辑"**步骤面板，即可在预览窗口查看最终的画面效果，如图 6-31 所示。

■图 6-28　查看选取的海岸区域画面

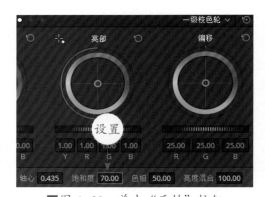

■图 6-29　单击"反转"按钮

■图 6-30　查看提高饱和度后的画面效果　　　■图 6-31　查看最终的画面效果

专家指点

　　在"节点"面板中，选择"并行混合器"节点，单击鼠标右键，在弹出的快捷菜单中选择"变换为图层混合器节点"选项，如图 6-32 所示。即可将"并行混合器"节点更换为"图层混合器"节点。

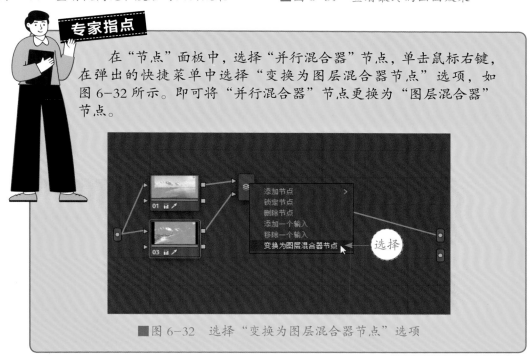

■图 6-32　选择"变换为图层混合器节点"选项

6.2.3　技巧3：运用键混合器节点调色

　　在 DaVinci Resolve 16 中，每个调色节点上都有一个"**键输入**"或"**键输出**"图标，即表示每个调色节点上都包含 Alpha 通道信息。在"**节点**"面板中，"**键混合器**"节点可以将不同节点上的 Alpha 通道信息相加或相减，通过校色操作输出最终效果，下面通过实例向大家介绍运用"**键混合器**"节点调色的操作方法。

实战精通——人像摄影

　　步骤01　打开一个项目文件，如图 6-33 所示。需要修改图像画面中衣服的颜色，可以通过选取衣服颜色，运用"**键混合器**"节点调整色相，输出调色效果。

　　步骤02　切换至"**调色**"步骤面板，在"**节点**"面板中，选择编号为 01 的节点，如图 6-34 所示。

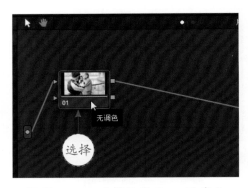

■图 6-33　打开一个项目文件　　　　■图 6-34　选择编号为 01 的节点

　　步骤 03　在"**检视器**"面板中，单击"**突出显示**"按钮，方便查看后续颜色选取，如图 6-35 所示。

　　步骤 04　切换至"**限定器**"面板，应用"**拾色器**"工具在预览窗口的图像上，选取男生衣服上的蓝色区域画面，如图 6-36 所示。可以看到女孩身上的衣服没有被完全选中。

■图 6-35　单击"突出显示"按钮　　　　■图 6-36　选取蓝色区域画面

　　步骤 05　在"**节点**"面板中，选中 01 节点，单击鼠标右键，在弹出的快捷菜单中，选择"**添加节点**"|"**添加并行节点**"选项，如图 6-37 所示。

　　步骤 06　执行操作后，即可添加一个编号为 03 的并行节点和一个"**并行混合器**"节点，如图 6-38 所示。

　　步骤 07　在预览窗口中，应用"**拾色器**"工具在图像上选取女孩衣服上的蓝色区域画面，如图 6-39 所示。

　　步骤 08　切换至"**限定器**"面板，在"**蒙版微调**"选项区中，设置"**去噪**"参数为 10.0，如图 6-40 所示。

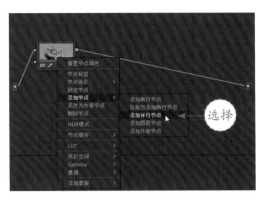

■ 图 6-37　选择"添加并行节点"选项

■ 图 6-38　添加节点

■ 图 6-39　选取相应区域画面

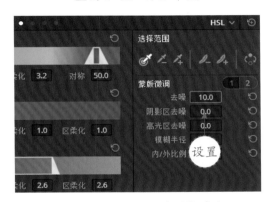

■ 图 6-40　设置"去噪"参数

步骤09 在"**节点**"面板中，继续添加一个编号为 04 的并行节点，如图 6-41 所示。

步骤10 在"**节点**"面板的空白位置处单击鼠标右键，弹出快捷菜单，选择 "**添加节点**"|"**键混合器**"选项，如图 6-42 所示。

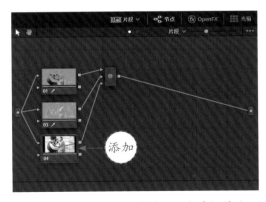

■ 图 6-41　添加编号为 04 的并行节点

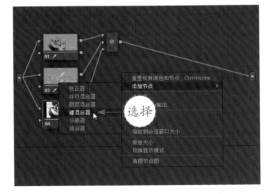

■ 图 6-42　选择"键混合器"选项

步骤11 执行操作后，即可添加一个"**键混合器**"节点，如图 6-43 所示。

步骤12 将 01 节点和 03 节点的"**键输出**"图标与"**键混合器**"节点的两个"**键**

165

输入"图标相连接，如图 6-44 所示。

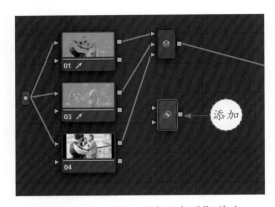

■图 6-43　添加"键混合器"节点

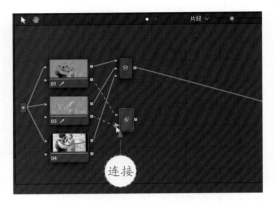

■图 6-44　连接 01 和 03 节点的"键"

步骤**13**　在预览窗口中，可以查看"键"的连接效果，如图 6-45 所示。

步骤**14**　拖动 04 节点至"**键混合器**"节点的右下角，如图 6-46 所示。

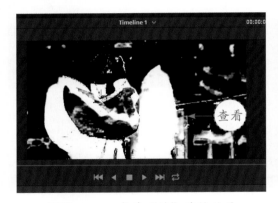

■图 6-45　查看"键"连接效果

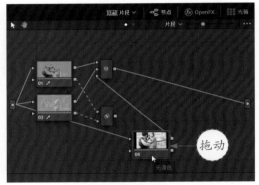

■图 6-46　拖动 04 节点

步骤**15**　连接"**键混合器**"节点的"**键输出**"图标与 04 节点的"**键输入**"图标，如图 6-47 所示。

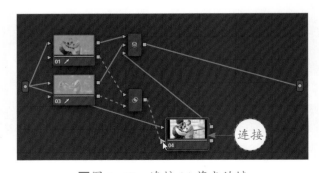

■图 6-47　连接 04 节点的键

步骤16 在预览窗口中，可以查看 04 节点连接"键"后显示的画面效果，如图 6-48 所示。

步骤17 在"色轮"面板中，设置"色相"参数为 65.00，如图 6-49 所示。

■图 6-48 查看 04 节点"键"连接效果

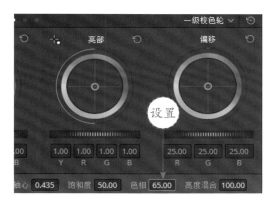

■图 6-49 设置"色相"参数

步骤18 执行操作后，即可更改衣服上的颜色，切换至"剪辑"步骤面板，在预览窗口中查看最终效果，如图 6-50 所示。

■图 6-50 查看最终效果

6.2.4 技巧4：运用分离器与结合器节点调色

前文提过图像画面含有 RGB 通道信息，每个通道的信息分布不同，在 DaVinci Resolve 16 中，"**分离器**"节点可以将素材分为红、绿、蓝三个通道节点单独进行调整，然后通过"**结合器**"节点进行合并输出，下面通过实例向大家介绍运用"**分离器**"节点和"**结合器**"节点调色的操作方法。

实战精通——可爱女孩

步骤01 打开一个项目文件，如图 6-51 所示。需要通过调整图像素材 RGB 通道信息，制作特殊的图像效果。

步骤02 切换至"**调色**"步骤面板，在"**节点**"面板中，选择编号为 01 的节点，如图 6-52 所示。

■图 6-51　打开一个项目文件

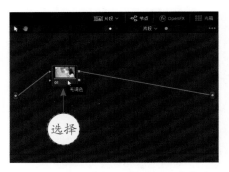

■图 6-52　选择编号为 01 的节点

步骤03 在菜单栏中，单击"**调色**"|"**节点**"|"添加分离器|结合器节点"命令，如图 6-53 所示。

步骤04 执行操作后，即可在"**节点**"面板中，添加"**分离器**"节点和"**结合器**"节点以及红、绿、蓝通道节点，如图 6-54 所示，01 节点右边连接的节点就是"**分离器**"节点，"**分离器**"节点的右侧分离出来的编号为 04、05、06 的三个节点分别对应的是红、绿、蓝通道节点，通道节点输出连接的便是"**结合器**"节点。

■图 6-53　单击相应命令

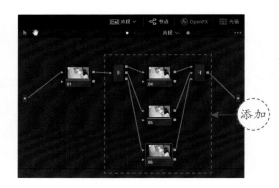

■图 6-54　添加节点

步骤05 选择 04 节点，在"**节点**"面板上方，单击 OpenFX（特效）按钮 ⓕ OpenFX，如图 6-55 所示。

步骤06 执行操作后，即可打开"**素材库**"选项面板，如图 6-56 所示。

步骤07 向下移动面板，在"ResolveFX 模糊"选项区中，选择"**马赛克模糊**"选项，如图 6-57 所示。

步骤08 单击鼠标左键将"**马赛克模糊**"滤镜特效拖动至 04 节点上，释放鼠标左键，即可在红色通道节点上添加"**马赛克模糊**"滤镜特效，如图 6-58 所示。

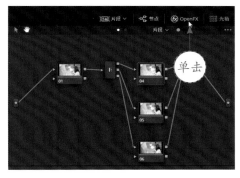

■图 6-55 单击相应按钮

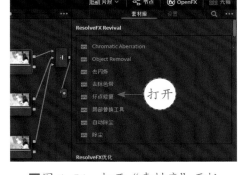

■图 6-56 打开"素材库"面板

■图 6-57 选择"马赛克模糊"选项

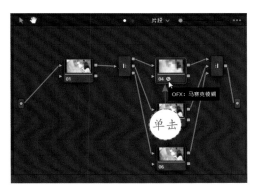

■图 6-58 添加"马赛克模糊"特效

步骤 09 执行操作后，即可自动切换至特效 **"设置"** 面板，设置 **"像素频率"** 参数为 5.0，如图 6-59 所示。

步骤 10 在预览窗口中，即可查看制作的特殊视频效果，如图 6-60 所示。

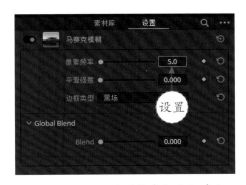

■图 6-59 设置"像素频率"参数

■图 6-60 查看制作的特殊视频效果

6.3 对素材画面进行透明处理

通过前文的学习，大家可以了解到 DaVinci Resolve 16 是可以对含有 Alpha 通道信息的素材图像进行调色处理的。不仅如此，DaVinci Resolve 16 还可以对含有 Alpha 通道信息的素材画面进行抠像透明处理，下面介绍具体的操作方法。

6.3.1 处理 1：新建一个透明处理时间线

在开始对素材文件进行透明处理前，首先需要在"**剪辑**"步骤面板中，创建一个"**透明处理**"的时间线，方便后续素材的添加，下面在上一例的基础上介绍具体的操作方法。

实战精通——透明处理 1

步骤 01 新建一个项目文件，进入达芬奇"**剪辑**"步骤面板，在"**媒体池**"面板中的空白位置处，单击鼠标右键，弹出快捷菜单，选择"**时间线**"|"**新建时间线**"选项，如图 6-61 所示。

步骤 02 弹出"**新建时间线**"对话框，如图 6-62 所示。

■ 图 6-61　选择"新建时间线"选项

■ 图 6-62　弹出"新建时间线"对话框

步骤 03 修改"**时间线名称**"为"**透明处理**"，如图 6-63 所示。

步骤 04 然后将"**视频轨数量**"和"**音轨数量**"均修改为 2，如图 6-64 所示。

步骤 05 单击"**创建**"按钮，即可创建一个"**时间线**"面板，如图 6-65 所示。

步骤 06 在"**媒体池**"面板中可以看到创建的时间线序列图，如图 6-66 所示。

■图 6-63　修改"时间线名称"

■图 6-64　修改轨道数量

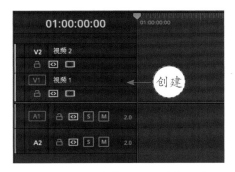

■图 6-65　创建"时间线"面板

■图 6-66　查看时间线序列图

6.3.2　处理 2：添加背景素材和蒙版素材

时间线创建完成后，首先需要将背景素材文件添加到"**时间线**"面板 V1 轨道上，然后再在 V2 轨道上添加一个素材文件作为待处理的蒙版素材，下面介绍具体的操作方法。

实战精通——透明处理 2

步骤01　在"**媒体池**"面板的空白位置处，单击鼠标右键，弹出快捷菜单，选择"**导入媒体**"选项，如图 6-67 所示。

步骤02　弹出"**导入媒体**"对话框，在相应的文件夹中选中需要添加的素材文件，如图 6-68 所示。

步骤03　单击"**打开**"按钮，即可在"**媒体池**"面板中，导入所选素材文件，如图 6-69 所示。将"**天空云朵**"作为背景素材，将"**师徒四人**"作为待处理的蒙版素材。

步骤04　选中"**天空云朵**"素材文件，单击鼠标左键并拖动素材至"**时间线**"面板的 V1 轨道上，如图 6-70 所示。

■图 6-67　选择"导入媒体"选项

■图 6-68　选中需要添加的素材文件

■图 6-69　导入素材文件

■图 6-70　拖动素材文件（1）

步骤05　在预览窗口中，可以查看添加的背景素材画面效果，如图 6-71 所示。

步骤06　然后在"**媒体池**"面板中，选中"**师徒四人**"素材文件，如图 6-72 所示。

■图 6-71　查看背景素材画面效果

■图 6-72　选中相应素材文件

步骤07　单击鼠标左键并拖动素材至"**时间线**"面板的 V2 轨道上，如图 6-73 所示。作为待处理的蒙版素材。

步骤08　在预览窗口中，可以看到背景素材画面已被"**师徒四人**"素材画面所遮盖，效果如图 6-74 所示。

■图 6-73　拖动素材文件（2）

■图 6-74　查看画面效果

6.3.3　处理3：对素材进行抠像透明处理

素材文件添加完成后，即可根据素材特征对素材进行抠像透明处理。在上一例中，"**师徒四人**"素材画面中的天空颜色比较淡，需要抠选素材中的天空，将天空进行透明处理，将"**师徒四人**"素材作为蒙版遮罩与背景素材"**天空云朵**"进行合成，下面介绍具体的操作方法。

实战精通——透明处理 3

步骤01　切换至"**调色**"步骤面板，单击"**限定器**"按钮，展开"**限定器**"面板，如图 6-75 所示。

步骤02　在"**选择范围**"选项区中，单击"**拾色器**"按钮，如图 6-76 所示。移动鼠标至预览窗口中，光标会变为滴管工具图标。

■图 6-75　单击"限定器"按钮

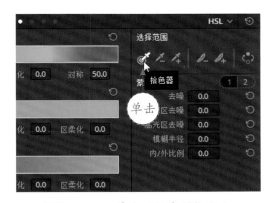

■图 6-76　单击"拾色器"按钮

步骤03　在"**检视器**"面板中，单击"**突出显示**"按钮，如图 6-77 所示。方便后面抠选画面区域。

步骤04　运用"**拾色器**"滴管工具，选取天空区域画面，如图 6-78 所示。

未被选取的区域画面会呈灰色画面显示在预览窗口中。

■图 6-77 单击"突出显示"按钮

■图 6-78 选取天空区域画面

步骤05 选取区域画面后，图像中会出现一些噪点，在"**限定器**"面板的"**蒙版微调**"选项区中，设置"**去噪**"参数为 5.0、"**阴影区去噪**"参数为 30.0，如图 6-79 所示。

步骤06 然后单击"**反转**"按钮，如图 6-80 所示。

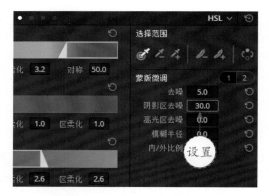

■图 6-79 去除噪点参数设置

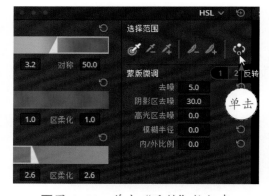

■图 6-80 单击"反转"按钮在

步骤07 执行操作后，即可反选未被抠选的区域画面，预览窗口效果如图 6-81 所示。

步骤08 在"**节点**"面板的空白位置处，单击鼠标右键，弹出快捷菜单，选择"添加 Alpha 输出"选项，如图 6-82 所示。

步骤09 在"**节点**"面板右侧，即可添加一个"Alpha 最终输出"图标，如图 6-83 所示。

步骤10 连接 01 节点的"**键输出**"图标与面板右侧的"Alpha 最终输出"图标，如图 6-84 所示。

■图 6-81 反选未被抠选的区域画面

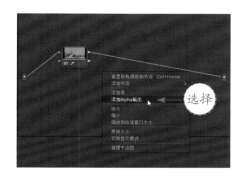

■图 6-82 选择"添加 Alpha 输出"选项

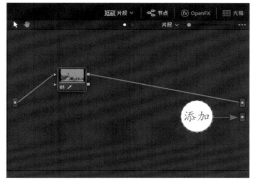

■图 6-83 添加一个"Alpha 输出"图标

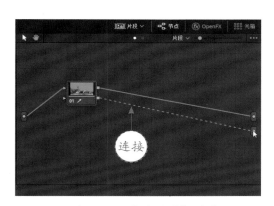

■图 6-84 连接"键"输出

步骤11 在**"检视器"**面板中再次单击**"突出显示"**按钮 ✖️，取消突出显示抠选图像，如图 6-85 所示。

步骤12 执行操作后，查看素材抠像透明处理的最终效果，如图 6-86 所示。

■图 6-85 再次单击"突出显示"按钮

■图 6-86 查看素材抠像透明效果

专家指点

当用户连接"键"输出后，切换至"键"面板，在"键输出"选项区中，降低"增益"参数值，会加重蒙版素材的透明效果，如图 6-87 所示。

在"键输出"选项区中，提高"偏移"参数值，会降低蒙版素材的透明效果，如图 6-88 所示。

■图 6-87　降低"增益"参数效果

■图 6-88　提高"偏移"参数效果

第7章 高级应用：使用 LUT 及影调调色

学习提示

在达芬奇中，LUT 非常方便灵活，是达芬奇软件的一个关键功能之一，很多影视制作人员在对影片进行调色时都会认识并了解 LUT，LUT 相当于一个滤镜，可以帮助用户实现各种调色风格。本章主要向大家介绍在达芬奇中 LUT 的使用方法、影调调色的制作方法以及应用 OpenFX 面板中的滤镜特效等内容。

7.1 使用 LUT 功能进行调色处理

LUT 是什么？ LUT 是 LOOK UP TABLE 的简称，我们可以将其理解为查找表或查色表。在 DaVinci Resolve 16 中，LUT 相当于胶片滤镜库，LUT 的功能分为三个部分：一是色彩管理，可以确保素材图像在显示器上显示的色彩均衡一致；二是技术转换，当用户需要将图像中的 A 色彩转换为 B 色彩时，LUT 在图像色彩转换生成的过程中准确度更高；三是影调风格，LUT 支持多种胶片滤镜效果，方便用户制作特殊的影视图像。

7.1.1 1D LUT：在"节点"面板中添加 LUT

在达芬奇中，支持用户使用"1D 输入 LUT"胶片滤镜进行调色处理，下面介绍在 DaVinci Resolve 16"**节点**"面板中应用 1D LUT 进行调色处理的操作方法。

实战精通——华灯初上

步骤01 打开一个项目文件，在预览窗口中可以查看打开的项目效果，如图 7-1 所示。图像显示的是夜幕降临后城市灯光亮起来的画面。

步骤02 切换至"**调色**"步骤面板，展开"**节点**"面板，选中 01 节点，如图 7-2 所示。

■图 7-1 打开一个项目文件

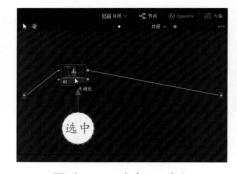

■图 7-2 选中 01 节点

步骤03 单击鼠标右键，弹出快捷菜单，选择 LUT | "**1D 输入 LUT**" | Sony SLong2 to Rec709 选项，如图 7-3 所示。即可改变图像的亮度。

步骤04 在预览窗口中可以查看应用 1D LUT 胶片滤镜后的项目效果，如图 7-4 所示。

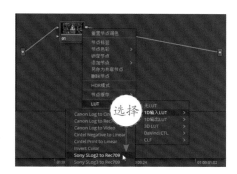

■图7-3 选择相应选项　　　　　　■图7-4 LUT项目效果

专家指点

在达芬奇中，1D LUT 与 3D LUT 是有区别的。简单来说，1D LUT 相当于 Gamma 曲线，可以改变图像画面的亮度，而 3D LUT 不仅可以改变图像的亮度，还可以改变图像色彩色相。

7.1.2 3D LUT: 直接调用面板中的 LUT 滤镜

在 DaVinci Resolve 16 中，提供了 3D LUT 面板，方便用户直接调用 LUT 胶片滤镜对素材文件进行调色处理，下面向大家介绍如何使用 LUT 面板中的胶片对素材文件进行调色处理的操作方法。

实战精通——城堡乐园

步骤01 打开一个项目文件，在预览窗口中可以查看打开的项目效果，如图7-5所示。

步骤02 切换至"**调色**"步骤面板，在左上角单击 LUT 按钮 **▦ LUT**，如图7-6所示。

■图7-5 打开一个项目文件　　　　■图7-6 单击 LUT 按钮

步骤03 展开 LUT 面板，如图 7-7 所示。

步骤04 在下方的选项面板中，选择 Sony 选项，展开相应面板，如图 7-8 所示。

■图 7-7　展开 LUT 面板 　　　　　　　■图 7-8　选择 Sony 选项

步骤05 选择第 4 个滤镜样式，如图 7-9 所示。

步骤06 单击鼠标左键并拖动至预览窗口的图像画面上，如图 7-10 所示。

■图 7-9　选择第 4 个滤镜样式 　　　　■图 7-10　拖动滤镜样式

步骤07 释放鼠标左键即可将选择的滤镜样式添加至视频素材上，执行操作后即可提高图像中的饱和度，最终效果如图 7-11 所示。

■图 7-11　查看最终效果

7.2 使用影调风格进行调色处理

调色是后期图像处理的重要技术之一，很多调色师都有自己独特的调色技法，可以根据需求对图像制作出影调风格化效果，下面主要向大家介绍在 DaVinci Resolve 16 中，使用影调风格进行调色处理的操作方法，希望大家可以学以致用、举一反三。

7.2.1 交叉冲印：制作色彩艳丽的图像效果

交叉冲印是一种传统的摄影技法，具有高反差和高饱和度的特点，可以通过改变图像色调来制作颜色和光泽都很鲜艳的特效效果。下面介绍具体的操作方法。

实战精通——夜幕之下

步骤 01 打开一个项目文件，在预览窗口中可以查看打开的项目效果，如图 7-12 所示。

步骤 02 切换至"**调色**"步骤面板，展开"**一级校色轮**"面板，向右拖动"**亮部**"色轮下方的轮盘，直至 YRGB 参数均显示为 1.40，如图 7-13 所示。提高图像亮部参数。

■图 7-12 打开一个项目文件

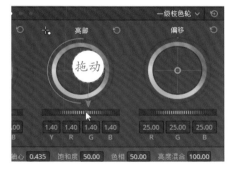

■图 7-13 拖动"亮部"色轮轮盘

步骤 03 然后向左拖动"**暗部**"色轮下方的轮盘，直至 YRGB 参数均显示为 -0.05，如图 7-14 所示。降低图像暗部参数。

步骤 04 在"**节点**"面板中，选中 01 节点，单击鼠标右键，弹出快捷菜单，选择"**添加节点**"|"**添加串行节点**"选项，如图 7-15 所示。即可添加一个编号为 02 的节点。

■图 7-14　拖动"暗部"色轮轮盘　　　　■图 7-15　选择"添加串行节点"选项

步骤 05　在"**亮度 VS 饱和度**"曲线面板中，按住【Shift】键的同时，在水平曲线上单击鼠标左键添加一个控制点，然后选中添加的控制点并向上拖动，直至下方面板中"**输入亮度**"参数显示为 0.02、"**饱和度**"参数显示为 1.66，如图 7-16 所示。

■图 7-16　设置"亮度 VS 饱和度"曲线参数

步骤 06　执行上述操作后，即可在预览窗口中查看制作的图像效果，如图 7-17 所示。

■图 7-17　查看制作的图像效果

7.2.2　跳漂白：卤化银颗粒增加胶片的反差

漂白（也被称为银保留或跳过漂白剂）是指一个特定的过程，跳漂白是指胶片在洗印过程中，没有经过漂白去除卤化银颗粒。颜色越多的画面卤化银颗粒越多，画面反差越大；图像对比度增加，卤化银颗粒加强，暗部区域画面越暗饱和度越低。下面介绍跳漂白影调效果的操作方法。

实战精通——媚眼含羞

步骤01 打开一个项目文件，在预览窗口中可以查看打开的项目效果，如图7-18所示。

步骤02 切换至"**调色**"步骤面板，展开"**一级校色轮**"面板，设置"**亮部**"色轮下方的 YRGB 参数均显示为 1.05，设置"**暗部**"色轮下方的 YRGB 参数均显示为 –0.20，降低图像暗部，提高图像亮部，如图7-19所示。

■图7-18 打开一个项目文件

■图7-19 设置参数

步骤03 在"**节点**"面板中添加一个编号为 02 的串行节点，如图7-20所示。

步骤04 在"检视器"面板中，单击"**突出显示**"按钮 ，在预览窗口中查看 01 节点调色效果，如图7-21所示。

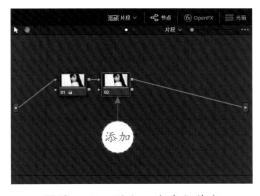

■图7-20 添加一个串行节点

■图7-21 查看 01 节点调色效果

步骤05 展开"**自定义**"曲线面板，在曲线上添加一个控制点，并拖动控制点至合适位置，如图7-22所示。稍微提亮一下人物肤色。

步骤06 展开"**亮度 VS 饱和度**"曲线面板，在曲线上选择暗部区域的控制点，如图7-23所示。

■ 图 7-22　拖动控制点　　　　　　　　　　■ 图 7-23　选择相应控制点

步骤 07　垂直向下拖动控制点，直至"**输入亮度**"参数为 0.0、"**饱和度**"参数
为 0.70，如图 7-24 所示。降低图像暗部饱和度。

■ 图 7-24　降低图像暗部饱和度

步骤 08　执行操作后，切换至"**剪辑**"步骤面板，查看制作的图像效果，如图 7-25
所示。

■ 图 7-25　查看制作的图像效果

7.2.3　暗角处理：制作"老影像"艺术效果

暗角是一种摄影术语，是指图像画面的中间部分较亮，四个角渐变偏暗的一种"老

影像"艺术效果，方便突出画面中心。在 DaVinci Resolve 16 中，用户可以通过应用圆形窗口降低画面亮度来实现。下面介绍制作"**老影像**"艺术效果的操作方法。

实战精通——夕阳漫步

步骤01 打开一个项目文件，在预览窗口中可以查看打开的项目效果，如图 7-26 所示。

步骤02 切换至"**调色**"步骤面板，展开"**窗口**"面板，在"**窗口**"预设面板中，单击圆形"**窗口激活**"按钮，如图 7-27 所示。

■图 7-26 打开一个项目文件　　　　■图 7-27 单击圆形"窗口激活"按钮

步骤03 在预览窗口中，拖动圆形蒙版蓝色方框上的控制柄，调整蒙版大小和位置，如图 7-28 所示。

步骤04 然后拖动蒙版白色圆框上的控制柄，调整蒙版羽化区域，如图 7-29 所示。

步骤05 在"**窗口**"预设面板中，单击圆形"**反向**"按钮，预览窗口画面反向选取效果，如图 7-30 所示。

步骤06 展开"**自定义**"曲线面板，在曲线上添加一个控制点，并向下拖动添加的控制点，至合适位置后释放鼠标左键，如图 7-31 所示。

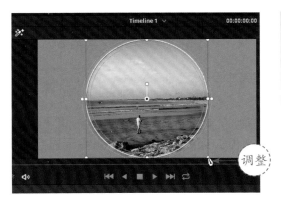

■图 7-28 调整蒙版大小和位置　　　　■图 7-29 调整蒙版羽化区域

■图 7-30　反选圆形蒙版区域

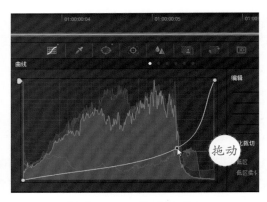

■图 7-31　拖动控制点

步骤07　在"**节点**"面板中，添加一个编号为 02 的串行节点，如图 7-32 所示。

步骤08　执行操作后，切换至"**剪辑**"步骤面板，查看制作的"**老影像**"图像效果，如图 7-33 所示。

■图 7-32　添加一个串行节点

■图 7-33　查看制作的图像效果

7.2.4　虚化背景：使杂乱的背景模糊处理

当素材图像画面背景杂乱无章时，会影响观众视觉效果，此时需要后期将画面主体进行突出处理，除了通过上一例中的暗角处理突出画面中心外，用户还可以通过虚化背景来突出画面主体，下面介绍在 DaVinci Resolve 16 中虚化背景的操作方法。

实战精通——海边游玩

步骤01　打开一个项目文件，在预览窗口中可以查看打开的项目效果，如图 7-34 所示。

步骤02　切换至"**调色**"步骤面板，展开"**窗口**"面板，在"**窗口**"预设面板中，单击圆形"**窗口激活**"按钮 ◎ ，在预览窗口中，拖动圆形蒙版四周的控制柄，调整蒙版大小和位置，选取主体画面，如图 7-35 所示。

■图 7-34　打开一个项目文件

步骤03 在"**窗口**"预设面板中，单击圆形"**反向**"按钮◉，展开"**模糊**"面板，设置"**半径**"通道 RGB 参数为 0.70，如图 7-36 所示。

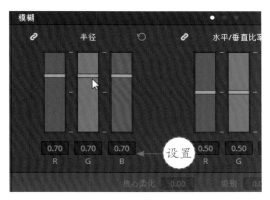

■图 7-35　调整蒙版大小和位置　　　■图 7-36　单击圆形"窗口激活"按钮

步骤04 执行操作后，切换至"**剪辑**"步骤面板，查看制作的图像效果，如图 7-37 所示。

■图 7-37　查看制作的图像效果

7.2.5　双色调效果：制作泛黄怀旧回忆色调

双色调是一种比较怀旧的色调风格，稍微泛黄的图像画面，可以制作出一种电视画面回忆的效果，在 DaVinci Resolve 16 中，用户可以通过调整"**亮部**"和"**中灰**"

通道 YRGB 的参数值来实现，下面介绍具体的操作方法。

实战精通——俯瞰来路

步骤01 打开一个项目文件，在预览窗口中可以查看打开的项目效果，如图 7-38 所示。

步骤02 切换至"**调色**"步骤面板，展开"**一级校色条**"面板，设置"**中灰**"色条 YRGB 参数分别为 0.00、0.02、0.00、−0.06；设置"**亮部**"色条 YRGB 参数分别为 1.00、1.10、1.00、0.65，如图 7-39 所示。

■图 7-38 打开一个项目文件　　　　■图 7-39 设置色条参数

步骤03 执行操作后，切换至"**剪辑**"步骤面板，查看制作的图像效果，如图 7-40 所示。

■图 7-40 查看制作的图像效果

7.2.6 日景调夜景：制作夜景镜头画面特效

日景镜头转换为夜景镜头是影视画面中常用的一种调色技法，在 DaVinci Resolve 16 中，用户可以通过调整"**亮部**"和"**中灰**"参数以及调整"**色相 VS 亮度**"曲线来实现，下面介绍具体的操作方法。

实战精通——夜晚降临

步骤 01 打开一个项目文件，在预览窗口中可以查看打开的项目效果，如图 7-41 所示。此时夜晚刚刚降临，拍摄的画面还不算太暗。

步骤 02 切换至"**调色**"步骤面板，展开"**一级校色轮**"面板，设置"**中灰**"色轮 YRGB 参数均为 -0.25，设置"**亮部**"色轮 YRGB 参数均为 0.80，如图 7-42 所示。

■图 7-41　打开一个项目文件　　　　■图 7-42　设置色轮参数

步骤 03 切换至"色相 VS 亮度"面板，在面板下方单击蓝色矢量色块，选择并向下拖动曲线上的第 2 个控制点，直至"**输入色相**"参数显示为 104.07、"**亮度增益**"参数显示为 0.00，如图 7-43 所示。

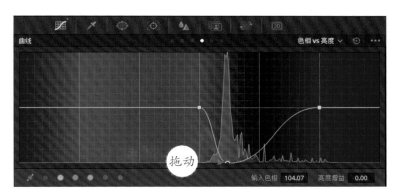

■图 7-43　拖动控制点

步骤 04 执行操作后，切换至"**剪辑**"步骤面板，查看制作的图像效果，如图 7-44 所示。

■图 7-44　查看制作的图像效果

7.3 电影、视频中典型的色彩基调

在第 4 章的 4.2.4 节提到过：色彩基调是指画面色彩外观的基本色调。不同的色调传达给观众不一样的视觉感官，除了可以通过冷色调、暖色调、单色调和浅色调来表现，还可以通过纯色调来表现。例如红色调、蓝色调、绿色调、黄色调、棕色调以及黑白色调等。下面就电影、视频中几种典型的色彩基调，向大家介绍在 DaVinci Resolve 16 中具体的制作方法。

7.3.1　红色调：制作热情的视频色调

红色是热情、冲动、活力、积极、强有力的色彩，具有非常醒目的视觉效果，很多调色师都喜欢用红色调。下面以"**胜利号角**"为例，向大家介绍在 DaVinci Resolve 16 中制作热情视频色调的操作方法。

实战精通——胜利号角

步骤01 打开一个项目文件，在预览窗口中可以查看打开的项目效果，如图 7-45 所示。由于天气及场景本身色彩不佳等因素，导致拍摄的素材图像颜色不够鲜明，需要对素材图像的饱和度进行整体调整，并将号角上挽着的红绸缎调成鲜红色。

步骤02 切换至"**调色**"步骤面板，展开"**色轮**"面板，设置"**饱和度**"参数为 75.0，如图 7-46 所示。调整画面整体颜色的饱和度。

步骤03 在"节点"面板中，选中 01 节点，单击鼠标右键，弹出快捷菜单，选择"**添加节点**"|"**添加串行节点**"选项，即可在"节点"面板中添加一个编号为 02 的串行节点，如图 7-47 所示。

■图 7-45　打开一个项目文件

■图 7-46　设置"饱和度"参数

步骤04 在"**检视器**"面板中开启"**突出显示**"功能，切换至"**限定器**"面板，应用"**拾色器**"滴管工具在预览窗口的图像上选取红绸缎，如图 7-48 所示。

步骤05 切换至"**限定器**"面板，在"**蒙版微调**"选项区中，设置"**阴影区去噪**"参数为 30.0，如图 7-49 所示。

步骤06 切换至"**一级校色条**"面板，向上拖动"**亮部**"色条的红色通道滑块，直至 R 参数显示为 1.50，如图 7-50 所示。

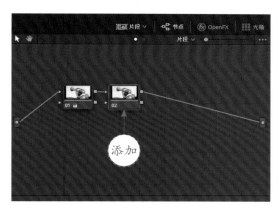

■图 7-47　添加一个串行节点

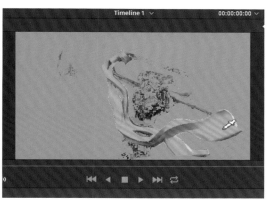

■图 7-48　选取红绸缎

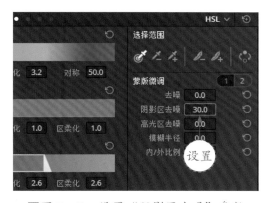

■图 7-49　设置"阴影区去噪"参数

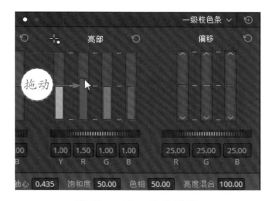

■图 7-50　拖动滑块

■图 7-51　查看制作的图像效果

7.3.2　蓝色调：制作忧郁的视频色调

蓝色属于冷色系，当调色师将素材图像调成蓝色调时，会传达给观众一种肃穆、冷静、忧郁的观感，下面介绍制作忧郁视频色调的操作方法。

实战精通——两岸桥梁

步骤01 打开一个项目文件，在预览窗口中可以查看打开的项目效果，如图 7-52 所示。

步骤02 切换至"**调色**"步骤面板，展开"**一级校色条**"面板，设置"**偏移**"色条 RGB 参数分别为 25.00、25.00、31.00，设置"**亮部**"色条 YRGB 参数分别为 0.71、0.85、1.00、1.25，如图 7-53 所示。

■图 7-52　打开一个项目文件

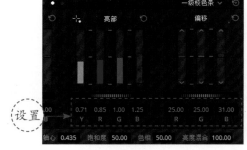

■图 7-53　设置色条参数

步骤03 执行操作后，切换至"**剪辑**"步骤面板，查看制作的图像效果，如图 7-54 所示。

■图7-54 查看制作的图像效果

7.3.3 绿色调：制作小清新的视频色调

绿色表示青春、朝气、生机、小清新等。在 DaVinci Resolve 16 中，用户可以通过调整红、绿、蓝输出通道参数来制作小清新的视频色调，下面介绍具体的操作方法。

实战精通——微距摄影

步骤01 打开一个项目文件，在预览窗口中可以查看打开的项目效果，如图7-55所示。图像画面中的黄色占比较多，需要降低红色输出、提高绿色输出，将图像制作成绿色调。

步骤02 切换至"**调色**"步骤面板，展开"**RGB 混合器**"面板，设置"**红色输出**"通道的 RGB 参数分别为 0.69、0.00、0.00，设置"**绿色输出**"通道的 RGB 参数分别为 0.00、1.10、0.00，如图 7-56 所示。

■图 7-55 打开一个项目文件

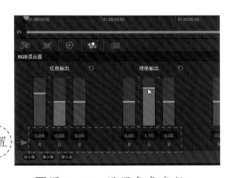

■图 7-56 设置色条参数

步骤03 执行操作后，切换至"**剪辑**"步骤面板，查看制作的图像效果，如图7-57所示。

■图 7-57 查看制作的图像效果

7.4 应用 OpenFX 面板中的滤镜特效

　　滤镜是指可以应用到视频素材中的效果，它可以改变视频文件的外观和样式。对视频素材进行编辑时，通过视频滤镜不仅可以掩饰视频素材的瑕疵，还可以令视频产生绚丽的视觉效果，使制作出来的视频更具表现力。

　　在 DaVinci Resolve 16 中，用户可以通过两种方法打开 OpenFX 面板。第一种是在"**剪辑**"步骤面板的左上角，单击"**特效库**"按钮 ![特效库]，打开"**特效库**"面板，然后展开 OpenFX ｜ "**滤镜**"选项面板即可，如图 7-58 所示。第二种是在"**调色**"步骤面板的右上角，单击 OpenFX 按钮 ![OpenFX]，即可展开滤镜"**素材库**"选项面板，如图 7-59 所示。

■图 7-58 在"剪辑"步骤面板打开

■图 7-59 在"调色"步骤面板打开

　　在 OpenFX 面板中提供了多种滤镜，可按类别分组管理，如图 7-60 所示。

ResolveFX Revival 滤镜组

"ResolveFX 优化"和"ResolveFX 光线"滤镜组

"ResolveFX 变形"和"ResolveFX 变换"滤镜组

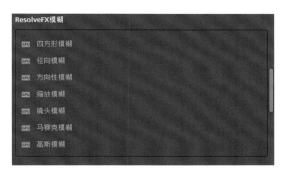

"ResolveFX 模糊"滤镜组

"ResolveFX 生成"和"ResolveFX 纹理"滤镜组

"ResolveFX 色彩"滤镜组

"ResolveFX 锐化"滤镜组

"ResolveFX 风格化"滤镜组

■图 7-60　OpenFX 面板中的滤镜组

7.4.1　添加滤镜：制作镜头光斑滤镜特效

在 DaVinci Resolve 16 中，用户可以在"**剪辑**"步骤面板中打开 OpenFX ｜
"**滤镜**"选项面板后，选择需要添加的滤镜特效，将其拖动至视频轨中的素材文件
上，即可添加滤镜特效。另外，用户在"**调色**"步骤面板中也可以添加滤镜特效，下
面主要介绍的是在"**调色**"步骤面板中添加滤镜特效的操作方法。

实战精通——航拍小镇 1

步骤 01　打开一个项目文件，在预览窗口中可以查看打开的项目效果，如图 7-61
所示。

步骤 02　切换至"**调色**"步骤面板，展开 OpenFX ｜ "**素材库**"选项面板，在
"ResolveFX 光线"滤镜组中"选择"**镜头光斑**"滤镜特效，如图 7-56 所示。

■图 7-61　打开一个项目文件　　　　　■图 7-62　选择滤镜特效

步骤 03　单击鼠标左键并将其拖动至"**节点**"面板的 01 节点上，释放鼠标左键，
即可在调色提示区显示一个滤镜图标，表示添加的滤镜特效，如图 7-63 所示。

步骤 04　执行操作后，即可在预览窗口中查看制作的图像效果，如图 7-64 所示。

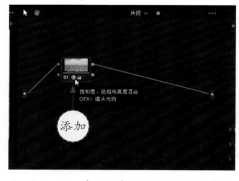

■图 7-63　在 01 节点上添加滤镜特效　　　■图 7-64　查看制作的图像效果

专家指点

　　在添加滤镜特效后，OpenFX 面板会自动切换至"设置"选项面板，在其中用户可以根据素材图像特征，对添加的滤镜进行微调设置。在预览窗口中，还可以通过拖动的方式调整太阳所在的位置和大小。

7.4.2　替换滤镜：制作镜头畸变滤镜特效

　　当用户为素材添加视频滤镜后，如果发现某个滤镜未达到预期的效果，此时可将该滤镜效果进行替换操作。下面介绍具体的操作方法。

实战精通——航拍小镇 2

　　步骤01　打开上一例中的效果文件，切换至"**调色**"步骤面板，展开 OpenFX ｜ "**素材库**"选项面板，在"ResolveFX 变形"滤镜组中，选择"**镜头畸变**"滤镜特效，如图 7-65 所示。

　　步骤02　单击鼠标左键并将其拖动至"**节点**"面板的 01 节点上，释放鼠标左键即可替换"**镜头光斑**"滤镜特效，在预览窗口中，可以查看替换滤镜后的镜头畸变滤镜效果，如图 7-66 所示。

■图 7-65　选择"镜头畸变"滤镜特效　　　　■图 7-66　查看替换滤镜后的视频效果

7.4.3　移除滤镜：删除添加的抽象画滤镜

　　如果用户对添加的滤镜效果不满意，可以将该视频滤镜删除。但是在 DaVinci Resolve 16 中，通过"**剪辑**"步骤面板添加的滤镜特效，只能在"**剪辑**"步骤面板中进行删除。同理，在"**调色**"步骤面板中添加的滤镜特效，也只能在"**调色**"步骤面板中删除，下面通过实例操作向大家介绍在这两个步骤面板中移除滤镜的方法。

实战精通——航拍小镇 3

步骤 01 打开一个项目文件，在"**剪辑**"步骤面板中，为素材图像添加"**抽象画**"滤镜特效，在预览窗口可以查看项目效果，如图 7-67 所示。

步骤 02 在"**剪辑**"步骤面板的右上角，单击"**检查器**"按钮 ✖️ 检查器，如图 7-68 所示。

■图 7-67　查看项目效果

■图 7-68　单击"检查器"按钮

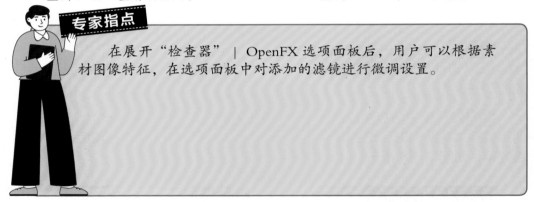

专家指点

在展开"检查器"｜OpenFX 选项面板后，用户可以根据素材图像特征，在选项面板中对添加的滤镜进行微调设置。

步骤 03 在下方切换至 OpenFX 选项面板，单击"**删除滤镜**"按钮🗑，如图 7-69 所示。执行操作后即可删除"**抽象画**"滤镜特效。

步骤 04 切换至"**调色**"步骤面板，为 01 节点添加"**抽象画**"滤镜，选择 01 节点，单击鼠标右键，弹出快捷菜单，选择"移除 OFX 插件"选项，如图 7-70 所示。执行操作后即可移除 01 节点上的"**抽象画**"滤镜特效。

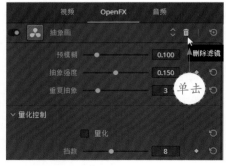

■图 7-69　单击"删除滤镜"按钮

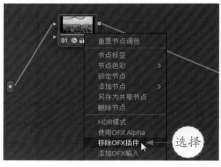

■图 7-70　选择"移除 OFX 插件"选项

第8章 精彩转场：
制作视频的转场特效

学习提示

　　在影视后期特效制作中，镜头之间的过渡或者素材之间的转换称为转场。它是使用一些特殊的效果，在素材与素材之间产生自然、流畅和平滑的过渡。本章主要向读者介绍制作视频转场特效的操作方法，希望读者可以熟练掌握本章内容。

8.1 了解转场效果

从某种角度来说，转场就是一种特殊的滤镜效果，它可以在两个图像或视频素材之间创建某种过渡效果，使视频更具有吸引力。运用转场效果，可以制作出让人赏心悦目的视频画面。本节主要向读者介绍转场效果的基础知识以及认识"视频转场"选项面板等内容。

8.1.1 硬切换与软切换效果

在视频后期的编辑工作中，素材与素材之间的连接称为切换。最常用的切换方法是一个素材与另一个素材紧密连接，使其直接过渡，这种方法称为"**硬切换**"；另一种方法称为"**软切换**"，它使用了一些特殊的效果，在素材与素材之间产生自然、流畅和平滑的过渡，如图 8-1 所示。

■图 8-1 "软切换"转场效果

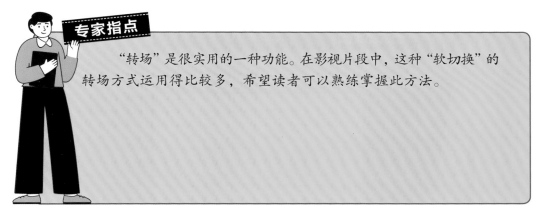

"转场"是很实用的一种功能。在影视片段中，这种"软切换"的转场方式运用得比较多，希望读者可以熟练掌握此方法。

8.1.2　了解"视频转场"选项面板

在 DaVinci Resolve 16 中，提供了多种转场效果，都存放在"**视频转场**"面板中，如图 8-2 所示。合理地运用这些转场效果，可以让素材之间的过渡更加生动、自然，从而制作出绚丽多姿的视频作品。

"叠化"转场组

"光圈"转场组

"运动"和"形状"转场组

"划像"转场组

■图 8-2　"视频转场"面板中的转场组

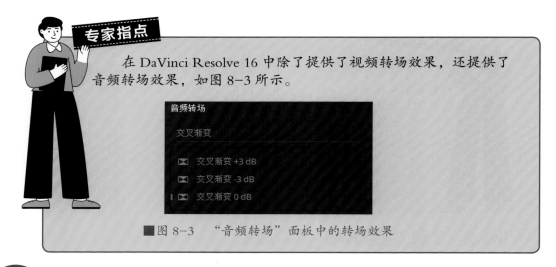

■图 8-3 "音频转场"面板中的转场效果

8.2 替换与移动转场效果

影片是由镜头与镜头之间的连接组建起来的。因此,在许多镜头与镜头之间的切换过程中,难免会显得过于僵硬。此时,用户可以在两个镜头之间添加转场效果,使得镜头与镜头之间的过渡更为平滑。本节主要向读者介绍编辑转场效果的操作方法,主要包括替换转场、移动转场、删除转场效果以及添加转场边框等内容。

8.2.1 替换转场:替换需要的转场效果

在 DaVinci Resolve 16 中,如果用户对当前添加的转场效果不满意,可以对转场效果进行替换操作,使素材画面更符合用户的需求。下面介绍替换转场的操作方法。

实战精通——绿色盆栽

步骤01 打开一个项目文件,进入"**剪辑**"步骤面板,如图 8-4 所示。

步骤02 在预览窗口中,可以查看打开的项目效果,如图 8-5 所示。

步骤03 在"**剪辑**"步骤面板的左上角,单击"**特效库**"按钮 ⚡特效库,如图 8-6 所示。

步骤04 在"**媒体池**"面板下方展开"**特效库**"面板,单击"**工具箱**"下拉按钮 ▶,如图 8-7 所示。

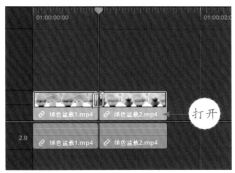

■图 8-4　打开一个项目文件

■图 8-5　查看打开的项目效果

■图 8-6　单击"特效库"按钮

■图 8-7　单击"工具箱"下拉按钮

步骤05　展开选项列表，选择"**视频转场**"选项，展开"**视频转场**"选项面板，如图 8-8 所示。

步骤06　在"**叠化**"转场组中，选择"**平滑剪接**"转场特效，如图 8-9 所示。

■图 8-8　选择"视频转场"选项

■图 8-9　选择"平滑剪接"转场特效

步骤07　单击鼠标左键，将选择的转场特效拖动至"**时间线**"面板的两个视频素材中间，如图 8-10 所示。

步骤 **08** 释放鼠标左键，即可替换原来的转场，在预览窗口中查看替换后的转场效果，如图 8-11 所示。

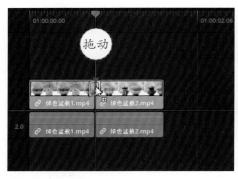 

■ 图 8-10 拖动转场特效　　　　　　■ 图 8-11 查看替换后的转场效果

8.2.2 移动转场：更改转场效果的位置

在 DaVinci Resolve 16 中，用户可以根据实际需要对转场效果进行移动效果，将转场效果放置到合适的位置上。下面向读者介绍移动转场视频特效的操作方法。

实战精通——想唱就唱

步骤 **01** 打开一个项目文件，进入"**剪辑**"步骤面板，如图 8-12 所示。

步骤 **02** 在预览窗口中，可以查看打开的项目效果，如图 8-13 所示。

步骤 **03** 在"**时间线**"面板的 V1 轨道上，选中第 1 段视频和第 2 段视频之间的转场，如图 8-14 所示。

步骤 **04** 单击鼠标左键，拖动转场至第 2 段视频与第 3 段视频之间，如图 8-15 所示。释放鼠标左键，即可移动转场位置。

步骤 **05** 在预览窗口中，查看移动转场位置后的视频效果，如图 8-16 所示。

■ 图 8-12 打开一个项目文件　　　　■ 图 8-13 查看打开的项目效果

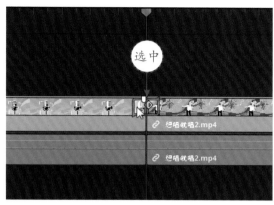

■图8-14 选中转场效果

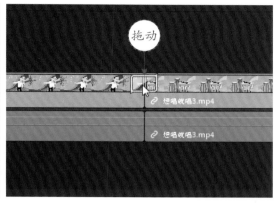

■图8-15 拖动转场效果

■图8-16 查看移动转场后的视频效果

8.2.3 删除转场：删除不需要的转场效果

在制作视频特效的过程中，如果用户对视频轨中添加的转场效果不满意，此时可以对转场效果进行删除操作。下面向读者介绍删除不需要的转场视频特效的操作方法。

实战精通——按摩抱枕

步骤01 打开一个项目文件，进入"**剪辑**"步骤面板，如图8-17所示。

步骤02 在预览窗口中，可以查看打开的项目效果，如图8-18所示。

步骤03 在"**时间线**"面板的V1轨道上，选中视频素材上的转场效果，如图8-19所示。

步骤04 单击鼠标右键，弹出快捷菜单，选择"**删除**"选项，如图8-20所示。

■图 8-17　打开一个项目文件

■图 8-18　查看打开的项目效果

■图 8-19　选中视频素材上的转场效果

■图 8-20　选择"删除"选项

步骤 05 在预览窗口中，查看删除转场后的视频效果，如图 8-21 所示。

■图 8-21　查看删除转场后的视频效果

8.2.4　边框效果：为转场添加白色边框

在 DaVinci Resolve 16 中，在素材之间添加转场效果后，可以为转场效果设置相应的边框样式，从而为转场效果锦上添花，增强效果的审美度，下面介绍具体的操作方法。

实战精通——高原风光

步骤 01 打开一个项目文件，进入"**剪辑**"步骤面板，如图 8-22 所示。

步骤 02 在预览窗口中，可以查看打开的项目效果，如图 8-23 所示。

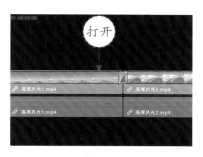
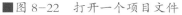

■图 8-22 打开一个项目文件

■图 8-23 查看打开的项目效果

步骤 03 在"**时间线**"面板的 V1 轨道上，双击视频素材上的转场效果，如图 8-24 所示。

步骤 04 展开"**检查器**"面板，在"**菱形展开**"选项面板中，用户可以通过拖动"**边框**"滑块或在文本框内输入参数的方式，设置"**边框**"参数为 20.000，如图 8-25 所示。

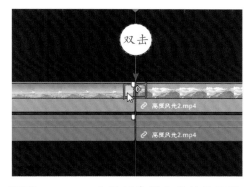

■图 8-24 双击视频素材上的转场效果

■图 8-25 设置"边框"参数

步骤 05 在预览窗口中，查看为转场添加边框后的视频效果，如图 8-26 所示。

■图 8-26 查看为转场添加边框后的视频效果

专家指点

用户还可以在"菱形展开"选项面板中单击"色彩"右侧的色块，设置转场效果的边框颜色。

8.3 制作视频转场画面特效

在 DaVinci Resolve 16 中提供了多种转场效果，某些转场效果独具特色，可以为视频添加非凡的视觉体验。本节主要向读者介绍转场效果的精彩应用。

8.3.1 椭圆展开：制作圆形光圈转场效果

在 DaVinci Resolve 16 中，"**光圈**"转场组中共有 8 个转场效果，应用其中的"**椭圆展开**"转场特效，可以从素材 A 画面中心以圆形光圈过渡展开显示素材 B，下面介绍制作圆形光圈转场效果的操作方法。

实战精通——山间花草

步骤01 打开一个项目文件，进入"**剪辑**"步骤面板，如图 8-27 所示。

步骤02 在"**视频转场**"|"**光圈**"选项面板中，选择"**椭圆展开**"转场，如图 8-28 所示。

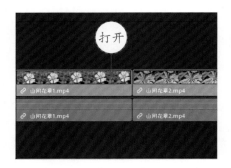

■图 8-27 打开一个项目文件　　■图 8-28 选择"椭圆展开"转场特效

步骤 03 单击鼠标左键，将选择的转场拖动至视频轨中的两个素材之间，如图 8-29 所示。

步骤 04 释放鼠标左键即可添加"**椭圆展开**"转场特效，双击转场特效，展开"**检查器**"面板，在"**椭圆展开**"选项面板中，设置"**边框**"参数为 10.000，如图 8-30 所示。

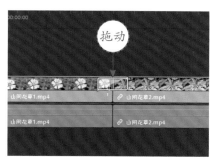

■图 8-29 拖动转场特效

■图 8-30 设置"边框"参数

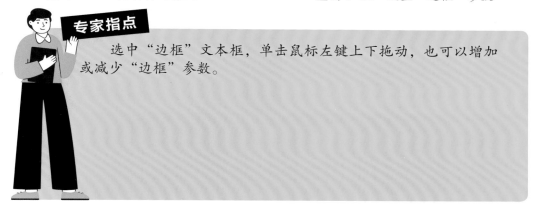

专家指点

选中"边框"文本框，单击鼠标左键上下拖动，也可以增加或减少"边框"参数。

步骤 05 在预览窗口中，可以查看制作的视频效果，如图 8-31 所示。

■图 8-31 查看制作的视频效果

8.3.2　百叶窗划像：制作百叶窗转场效果

在 DaVinci Resolve 16 中，"**百叶窗划像**"转场效果是"**划像**"转场类型中最常用的一种，是指素材以百叶窗翻转的方式进行过渡，下面介绍制作百叶窗转场效果的操作方法。

实战精通——可爱动画

步骤 01 打开一个项目文件，进入"**剪辑**"步骤面板，如图 8-32 所示。

步骤 02 在"**视频转场**"|"**划像**"选项面板中，选择"**百叶窗划像**"转场，如图 8-33 所示。

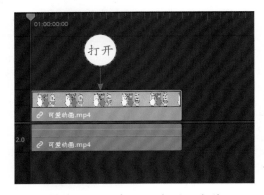

■图 8-32　打开一个项目文件　　　　　■图 8-33　选择"百叶窗划像"转场特效

步骤 03 单击鼠标左键，将选择的转场拖动至视频轨中素材末端，如图 8-34 所示。

步骤 04 释放鼠标左键，即可添加"**百叶窗划像**"转场特效，选择添加的转场，将鼠标移至转场左边的边缘线上，当光标呈左右双向箭头形状时，单击鼠标左键并向左拖动，至合适位置后释放鼠标左键，即可增加转场时长，如图 8-35 所示。

■图 8-34　拖动转场特效　　　　　　　■图 8-35　增加转场时长

步骤 05 在预览窗口中，可以查看制作的视频效果，如图 8-36 所示。

■图 8-36 查看制作的视频效果

8.3.3 心形转场：制作爱心形状转场效果

在 DaVinci Resolve 16 中，"**心形**"转场效果是"**形状**"转场类型中的一种，是指素材 A 以爱心形状的方式进行过渡，显示素材 B，下面介绍制作爱心形状转场效果的操作方法。

实战精通——彩色雕塑

步骤01 打开一个项目文件，进入"**剪辑**"步骤面板，如图 8-37 所示。

步骤02 在"**视频转场**"|"**形状**"选项面板中，选择"**心形**"转场，如图 8-38 所示。

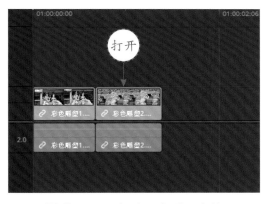

■图 8-37 打开一个项目文件

■图 8-38 选择"心形"转场特效

步骤03 单击鼠标左键，将选择的转场拖动至视频轨中的两个素材之间，如图 8-39 所示。

步骤04 释放鼠标左键即可添加"**心形**"转场特效，双击转场特效，展开"**检查器**"面板，在"**心形**"选项面板中，设置"**边框**"参数为 8.000，如图 8-40 所示。

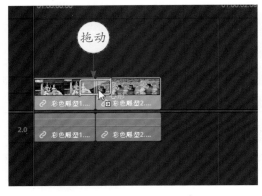

■图 8-39 拖动转场特效　　　　　　　■图 8-40 设置"边框"参数

步骤 05 在预览窗口中，可以查看制作的视频效果，如图 8-41 所示。

■图 8-41 查看制作的视频效果

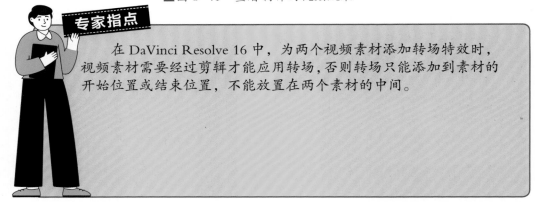

专家指点

在 DaVinci Resolve 16 中，为两个视频素材添加转场特效时，视频素材需要经过剪辑才能应用转场，否则转场只能添加到素材的开始位置或结束位置，不能放置在两个素材的中间。

8.3.4 滑动转场：制作单向滑动转场效果

在 DaVinci Resolve 16 中，应用"**运动**"转场组中的"**滑动**"转场效果，即可制作单向滑动视频效果。下面介绍应用"**滑动**"转场的操作方法，大家可以学以致用，将其合理应用到影片文件中。

实战精通——梦幻场景

步骤 01 打开一个项目文件，进入"**剪辑**"步骤面板，如图 8-42 所示。

步骤02 在"**视频转场**"|"**运动**"选项面板中，选择"**滑动**"转场，如图 8-43 所示。

■图 8-42 打开一个项目文件

■图 8-43 选择"滑动"转场特效

步骤03 单击鼠标左键，将选择的转场拖动至视频轨中的两个素材之间，如图 8-44 所示。

步骤04 释放鼠标左键即可添加"**滑动**"转场特效，双击转场特效，展开"**检查器**"面板，在"**滑动**"选项面板中，单击"**预设**"下拉按钮，在弹出的下拉列表框中，选择"滑动，从右往左"选项，如图 8-45 所示。执行操作后，即可使素材 A 从右往左滑动过渡显示素材 B。

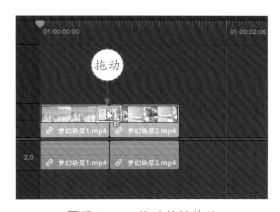

■图 8-44 拖动转场特效

■图 8-45 选择相应选项

步骤05 在预览窗口中，可以查看制作的视频效果，如图 8-46 所示。

■图 8-46　查看制作的视频效果

第9章 丰富字幕：制作视频的字幕效果

学习提示

　　标题字幕在视频编辑中是不可缺少的，它是影片中的重要组成部分。在影片中加入一些说明性的文字，能够有效地帮助观众理解影片的含义。本章主要介绍制作视频标题字幕特效的各种方法，希望大家学完以后，可以轻松地制作出各种精美的标题字幕效果。

9.1 了解字幕简介与面板

字幕制作在视频编辑中是一种重要的艺术手段，好的标题字幕不仅可以传达画面以外的信息，还可以增强影片的艺术效果。DaVinci Resolve 16 提供了便捷的字幕编辑功能，可以使用户在短时间内制作出专业的标题字幕。

9.1.1 标题字幕简介

字幕可以以各种字体、样式和动画等形式出现在影视画面中，如电视或电影的片头、演员表、对白以及片尾字幕等，字幕设计与书写是影视造型的艺术手段之一。在通过实例学习创建字幕之前，首先了解一下制作的标题字幕效果，如图 9-1 所示。

■图 9-1 制作的标题字幕效果

9.1.2 了解标题字幕选项面板

在 DaVinci Resolve 16 "**剪辑**" 步骤面板中，打开 "**特效库**" | "**字幕**" 选项面板，面板中为用户提供了多种 "**字幕**" 和 "Fusion 标题" 字幕样式，如图 9-2 所示。用户可以通过拖动字幕样式，添加到 "**时间线**" 面板的视频轨上，为项目文件添加标题字幕。

与其他视频剪辑软件不同的是，DaVinci Resolve 16 在"**时间线**"面板中添加的标题字幕有两种不同的定义，一种是在字幕轨上的标题字幕，定义为"**字幕**"；另一种是添加在视频轨上的标题字幕，定义为"**文本**"。双击轨道上添加的标题字幕，即可打开"**检查器**"|"**字幕**"选项面板和"**检查器**"|"**文本**"选项面板，如图 9-3 所示。

■图 9-2　"特效库"|"字幕"选项面板

■图 9-3　"字幕"选项面板和"文本"选项面板

在"**检查器**"|"**字幕**"选项面板中，选中"**使用轨道风格**"复选框，即可隐藏"**字幕风格**"选项区，用户可以切换至"**轨道风格**"选项面板，在其中用户可以根据需要设置轨道中标题字幕的"**字体**""**大小**""**颜色**""**位置**""**下拉阴影**""**描边**"以及"**背景**"等风格。在"**检查器**"|"**文本**"选项面板中，用户也可以通过拖动面板右侧的滑块进行翻页，然后在下方的面板中设置轨道中标题字幕的风格。

9.2 添加标题字幕

为了让字幕的整体效果更加具有吸引力和感染力，用户可以对字幕属性进行精心调整。本节将介绍字幕属性的作用与调整的技巧。

9.2.1 添加标题：制作视频标题特效

在 DaVinci Resolve 16 中，标题字幕有两种添加方式：一种是通过"**特效库**"|"**字幕**"选项面板进行添加；另一种是在"**时间线**"面板的字幕轨道上添加，下面介绍具体的操作方法。

实战精通——翡翠项链

步骤 01 打开一个项目文件，进入"**剪辑**"步骤面板，如图 9-4 所示。

步骤 02 在预览窗口中，可以查看打开的项目效果，如图 9-5 所示。

■图 9-4　打开一个项目文件　　　　　■图 9-5　　查看打开的项目效果

步骤 03 在"**剪辑**"步骤面板的左上角，单击"**特效库**"按钮 ✨ 特效库，如图 9-6 所示。

步骤 04 在"**媒体池**"面板下方展开"**特效库**"面板，单击"**工具箱**"下拉按钮 ▶，展开选项列表，选择"**字幕**"选项，展开"**字幕**"选项面板，如图 9-7 所示。

步骤 05 在选项面板的"**字幕**"选项区中，选择"**文本**"选项，如图 9-8 所示。

步骤 06 单击鼠标左键，将"**文本**"字幕样式拖动至 V1 轨道上方，"**时间线**"面板会自动添加一条 V2 轨道，在合适位置处释放鼠标左键，即可在 V2 轨道上添加一个标题字幕文件，如图 9-9 所示。

步骤 07 在预览窗口中，可以查看添加的字幕文件，如图 9-10 所示。

■图 9-6　单击"特效库"按钮

■图 9-7　选择"字幕"选项

步骤08 双击添加的"**文本**"字幕，展开"**检查器**"|"**文本**"选项面板，如图 9-11 所示。

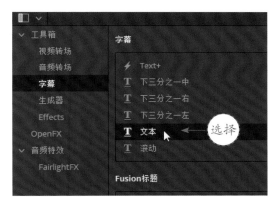

■图 9-8　选择"文本"选项

■图 9-9　在 V2 轨道上添加一个字幕文件

■图 9-10　查看添加的字幕文件

■图 9-11　展开"文本"选项面板

步骤09 在"**多信息文本**"下方的编辑框中输入文字"**翡翠项链**"，如图 9-12 所示。

步骤10 在面板下方，设置"**位置**"Y 值为 960.000，如图 9-13 所示。

■图 9-12　输入文字内容　　　　　　■图 9-13　设置"位置"Y 值参数

步骤 11 然后在"**时间线**"面板的空白位置处，单击鼠标右键，弹出快捷菜单，选择"**添加字幕轨道**"选项，如图 9-14 所示。

步骤 12 执行操作后，即可在"**时间线**"面板中添加一条字幕轨道，在字幕轨道的空白位置处，单击鼠标右键，弹出快捷菜单，选择"**添加字幕**"选项，如图 9-15 所示。

■图 9-14　选择"添加字幕轨道"选项　　　■图 9-15　选择"添加字幕"选项

步骤 13 在字幕轨道中即可添加一个字幕文件，如图 9-16 所示。

步骤 14 在预览窗口中，可以查看添加第 2 个字幕文件的效果，如图 9-17 所示。

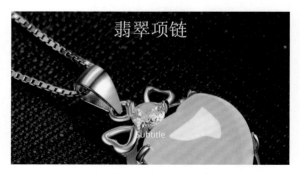

■图 9-16　添加一个字幕文件　　　　■图 9-17　查看添加第 2 个字幕文件的效果

步骤 15 切换至"**检查器**"|"**字幕**"选项面板，如图 9-18 所示。

步骤16 在下方的编辑框中输入文字内容"**浪漫精致**"，如图 9-19 所示。

■图 9-18 切换面板 ■图 9-19 再次输入文字内容

步骤17 在文本框下方，取消选中"**使用轨道风格**"复选框，如图 9-20 所示。

步骤18 展开"**字幕风格**"选项区，在下方设置"**位置**"Y 值为 830.000，如图 9-21 所示。

■图 9-20 取消选中相应复选框 ■图 9-21 设置"位置"Y 值参数

步骤19 执行上述操作后，在预览窗口查看制作的视频标题特效，如图 9-22 所示。

■图 9-22 查看制作的视频标题特效

221

9.2.2 设置区间：更改标题的区间长度

在 DaVinci Resolve 16 中，当用户在轨道面板中添加相应的标题字幕后，可以调整标题的时间长度，以控制标题文本的播放时间。下面向大家介绍调整字幕时间长度的方法。

实战精通——翡翠项链1

步骤01 打开上一例中的效果文件，如图 9-23 所示。

■图 9-23　打开上一例中的效果文件

步骤02 选中 V2 轨道中的字幕文件，将鼠标移至字幕文件的末端，单击鼠标左键并向左拖动，至合适位置后，释放鼠标左键即可调整字幕区间时长，如图 9-24 所示。

步骤03 双击字幕轨道中的字幕文件，切换至"**检查器**"|"**字幕**"选项面板，选中第 2 个时长文本框，如图 9-25 所示。

■图 9-24　单击鼠标左键并向左拖动

■图 9-25　查看打开的项目效果

步骤04 修改字幕时长为 01:00:01:00，如图 9-26 所示。

步骤05 执行操作后，在"**时间线**"面板中，即可查看更改时长后标题字幕的区间长度，如图 9-27 所示。

■图 9-26　修改字幕时长　　　　　■图 9-27　查看更改时长后标题字幕的区间长度

9.2.3　设置字体：更改标题字幕的字体

在 DaVinci Resolve 16 中，提供了多种字体，让用户能够制作出贴合心意的影视文件，下面介绍更改标题字幕字体类型的操作方法。

实战精通——埃菲尔铁塔

步骤01　打开一个项目文件，进入"**剪辑**"步骤面板，如图 9-28 所示。

步骤02　在预览窗口中，可以查看打开的项目效果，如图 9-29 所示。

步骤03　双击 V2 轨道中的字幕文件，切换至"**检查器**"|"**文本**"选项面板，单击"**字体**"右侧的下拉按钮，选择"**幼圆**"选项，如图 9-30 所示。

■图 9-28　打开一个项目文件　　　　■图 9-29　查看打开的项目效果

步骤04　执行操作后即可更改标题字幕的字体，在预览窗口中查看更改的字幕效果，如图 9-31 所示。

■图 9-30　选择"幼圆"选项　　　　　　■图 9-31　查看更改的字幕效果

专家指点

DaVinci Resolve 16 软件中所使用的字体，本身只是 Windows 系统的一部分，在 DaVinci Resolve 16 中可以使用的字体类型取决于用户在 Windows 系统中安装的字体，如果要在 DaVinci Resolve 16 中使用更多的字体，就需要在系统中添加字体。

在 DaVinci Resolve 16 中创建的字幕效果，默认字体类型为 Times New Roman，如果用户觉得创建的字体类型不够美观，或者不能满足用户的需求，此时用户可以对字体类型进行修改，使制作的标题字幕更符合要求。

9.2.4　设置大小：更改标题的字号大小

字号是指文本的大小，不同的字体大小对视频的美观程度有一定的影响。下面介绍在 DaVinci Resolve 16 中设置文本字号大小的操作方法。

实战精通——晚霞满天

步骤 01 打开一个项目文件，进入"**剪辑**"步骤面板，如图 9-32 所示。

步骤 02 在预览窗口中，可以查看打开的项目效果，如图 9-33 所示。

■图 9-32　打开一个项目文件　　　　　　■图 9-33　查看打开的项目效果

步骤03 双击 V2 轨道中的字幕文件，切换至"**检查器**"|"**文本**"选项面板，设置"**大小**"参数为 200，如图 9-34 所示。

步骤04 执行操作后即可更改标题字幕的字体大小，在预览窗口中查看更改的字幕效果，如图 9-35 所示。

■图 9-34　设置"大小"参数　　　■图 9-35　查看更改的字幕效果

9.2.5　设置颜色：更改标题字幕的颜色

在 DaVinci Resolve 16 中，用户可根据素材与标题字幕的匹配程度，更改标题字体的颜色效果，给字体添加更为匹配的颜色，可以让制作的影片更加具有观赏性。下面介绍在 DaVinci Resolve 16 中更改标题字幕颜色的操作方法。

实战精通——静静守候

步骤01 打开一个项目文件，进入"**剪辑**"步骤面板，如图 9-36 所示。

步骤02 在预览窗口中，可以查看打开的项目效果，如图 9-37 所示。

■图 9-36　打开一个项目文件　　　■图 9-37　查看打开的项目效果

步骤03 双击 V2 轨道中的字幕文件，切换至"**检查器**"|"**文本**"选项面板，单击"**颜色**"右侧的色块，如图 9-38 所示。

步骤 04 弹出"**选择颜色**"对话框,在"**基本颜色**"选项区中,选择第 3 排第 4 个颜色色块,如图 9-39 所示。单击 OK 按钮,返回"**文本**"面板。

■图 9-38　选择"颜色"色块

■图 9-39　选择相应颜色

步骤 05 执行操作后即可更改标题字幕的字体颜色,在预览窗口中查看更改的字幕效果,如图 9-40 所示。

■图 9-40　查看更改的字幕效果

9.2.6　设置描边:为标题字幕添加边框

在 DaVinci Resolve 16 中,为了使标题字幕样式更加丰富多彩,用户可以为标题字幕设置描边效果。下面介绍为标题字幕设置描边的具体操作方法。

实战精通——红白相间

步骤 01 打开一个项目文件,进入"**剪辑**"步骤面板,如图 9-41 所示。

步骤 02 在预览窗口中,可以查看打开的项目效果,如图 9-42 所示。

■图 9-41 打开一个项目文件 　　　　■图 9-42 查看打开的项目效果

步骤 03 双击 V2 轨道中的字幕文件，切换至"**检查器**"|"**文本**"选项面板，在"**描边**"选项区中，单击"**色彩**"色块，如图 9-43 所示。

步骤 04 弹出"**选择颜色**"对话框，在"**基本颜色**"选项区中，选择白色色块（最后一排的最后一个色块），如图 9-44 所示。

■图 9-43 单击"色彩"色块 　　　　■图 9-44 选择白色色块

专家指点

打开"选择颜色"对话框，用户可以通过四种方式应用色彩色块。

第一种是在"基本颜色"选项区中选择需要的色块；

第二种是在右侧的色彩选取框中选取颜色；

第三种是在"自定义颜色"选项区中添加用户常用的或喜欢的颜色，然后选择需要的颜色色块即可；

第四种是通过修改"红色""绿色""蓝色"等参数值来定义颜色色块。

步骤05 单击 OK 按钮，返回"**文本**"选项面板，在"**描边**"选项区中，单击鼠标左键拖动"**大小**"右侧的滑块，直至参数显示为 5，释放鼠标左键，如图 9-45 所示。

步骤06 执行操作后即可为标题字幕添加描边边框，在预览窗口中查看更改的字幕效果，如图 9-46 所示。

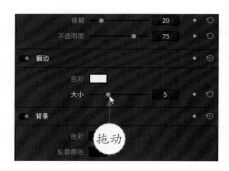

■图 9-45 设置"大小"参数

■图 9-46 查看更改的字幕效果

9.2.7 设置阴影：强调或突出显示字幕

在项目文件的制作过程中，如果需要强调或突出显示字幕文本，此时可以设置字幕的阴影效果。下面介绍制作字幕阴影效果的操作方法。

实战精通——成功起点

步骤01 打开一个项目文件，进入"**剪辑**"步骤面板，如图 9-47 所示。

步骤02 在预览窗口中，可以查看打开的项目效果，如图 9-48 所示。

■图 9-47 打开一个项目文件

■图 9-48 查看打开的项目效果

步骤03 双击 V2 轨道中的字幕文件，切换至"**检查器**"|"**文本**"选项面板，在"**下拉阴影**"选项区中，单击"**色彩**"色块，如图 9-49 所示。

步骤04 弹出"**选择颜色**"对话框，设置"**红色**"参数为 211、"**绿色**"参数为 157、"**蓝色**"参数为 40，如图 9-50 所示。

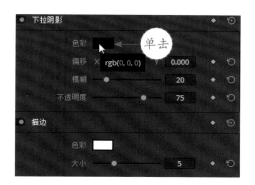

■图 9-49　单击"色彩"色块

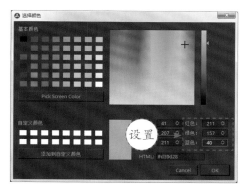

■图 9-50　设置颜色参数

步骤 05　单击 OK 按钮，返回"**文本**"选项面板，在"**下拉阴影**"选项区中，设置"**偏移**"X 参数为 6.000、Y 参数为 −6.000，如图 9-51 所示。

　　步骤 06　在下方向右拖动"**不透明度**"右侧的滑块，直至参数显示为 100，设置"**下拉阴影**"完全显示，如图 9-52 所示。

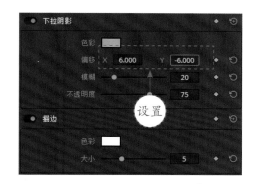

■图 9-51　设置"偏移"参数

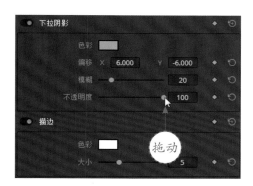

■图 9-52　拖动滑块

　　步骤 07　执行操作后即可为标题字幕制作下拉阴影效果，在预览窗口中查看更改的字幕效果，如图 9-53 所示。

■图 9-53　查看更改的字幕效果

9.2.8 背景颜色：设置文本背景色

在 DaVinci Resolve 16 中，用户可以根据需要设置标题字幕的背景颜色，使字幕更加显眼。下面介绍设置文本背景色的操作方法。

实战精通——城市车流

步骤01 打开一个项目文件，进入"**剪辑**"步骤面板，如图 9-54 所示。

步骤02 在预览窗口中，可以查看打开的项目效果，如图 9-55 所示。

■图 9-54　打开一个项目文件　　　■图 9-55　查看打开的项目效果

步骤03 双击 V2 轨道中的字幕文件，切换至"**检查器**"|"**文本**"选项面板，在"**背景**"选项区中，单击"**色彩**"色块，如图 9-56 所示。

步骤04 弹出"**选择颜色**"对话框，在"**基本颜色**"选项区中，选择最后一排倒数第二个颜色色块，如图 9-57 所示。

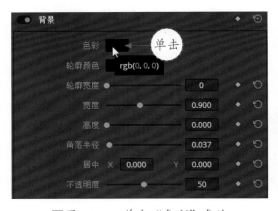
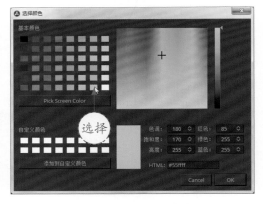

■图 9-56　单击"色彩"色块　　　■图 9-57　选择颜色色块

步骤05 单击 OK 按钮，返回"**文本**"选项面板，在"**背景**"选项区中，拖动"**轮廓宽度**"右侧的滑块，设置"**轮廓宽度**"参数显示为 5，如图 9-58 所示。

步骤06 然后设置"**宽度**"参数为 0.480、"**高度**"参数为 0.280，如图 9-59 所示。

步骤07 在下方单击鼠标左键，向左拖动"**角落半径**"右侧的滑块，直至参数显示为 0.000，释放鼠标左键，如图 9-60 所示。

步骤08 执行操作后即可为标题字幕添加文本背景，在预览窗口中查看更改的字幕效果，如图 9-61 所示。

■图 9-58　设置"轮廓宽度"参数

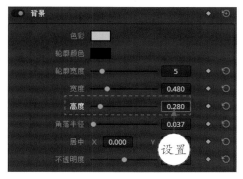

■图 9-59　设置"宽度"和"高度"参数

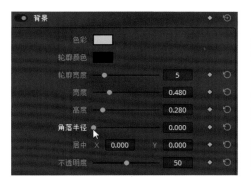

■图 9-60　设置"角落半径"参数

■图 9-61　查看更改的字幕效果

在 DaVinci Resolve 16 中，为标题字幕设置文本背景时，以下几点用户需要掌握、了解。

❶ 在默认状态下，背景"**高度**"参数显示为 0.000 时，无论"**宽度**"参数设置为多少，预览窗口中都不会显示文本背景，只有当"**宽度**"和"**高度**"参数值都大于0.000 时，预览窗口中的文本背景才会显示。

❷ "**角落半径**"可以设置文本背景的四个角呈圆角显示，当"**角落半径**"参数为 0.000 时，四个角呈 90° 直角显示，效果如图 9-61 所示。当"**角落半径**"参数为默认值 0.037 时，四个角呈矩形圆角显示，效果如图 9-62 所示。当"**角落半径**"参数为最大值 1.000 时，矩形呈横向椭圆形状，效果如图 9-63 所示。

■图 9-62 "角落半径"参数为默认值时
呈现效果

■图 9-63 "角落半径"参数为最大值时
呈现效果

❸ 设置"**居中**"X 和 Y 的参数，可以调整文本背景的位置。

❹ 当"**不透明度**"参数显示为 0 时，文本背景颜色显示为透明。当"**不透明度**"
参数显示为 100 时，文本背景颜色则会完全显示，并覆盖所在位置下的视频画面。

❺ "**轮廓宽度**"最大值是 30，当参数设置为 0 时，文本背景上的轮廓边框则
不会显示。

9.3 制作动态标题字幕特效

　　在影片中创建标题后，在 DaVinci Resolve 16 中还可以为标题制作字幕运
动特效，可以使影片更具有吸引力和感染力。本节主要介绍制作多种字幕动态
特效的操作方法，增强字幕的艺术效果。

9.3.1 滚屏动画：制作字幕屏幕滚动运动特效

在影视画面中，当一部影片播放完毕后，通过在结尾的时候会播放这部影片的演
员、制片人、导演等信息。下面介绍制作滚屏字幕特效的方法。

实战精通——电视落幕

步骤 01 打开一个项目文件，进入"**剪辑**"步骤面板，如图 9-64 所示。

步骤 02 在预览窗口中，可以查看打开的项目效果，如图 9-65 所示。

■图 9-64　打开一个项目文件

■图 9-65　查看打开的项目效果

步骤 03 展开"**特效库**"|"**字幕**"选项面板，选择"**滚动**"选项，如图 9-66 所示。

步骤 04 将"**滚动**"字幕样式添加至"**时间线**"面板的 V2 轨道上，并调整字幕时长，如图 9-67 所示。

■图 9-66　选择"滚动"选项

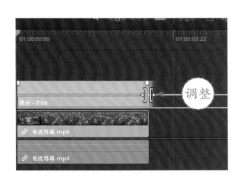

■图 9-67　调整字幕时长

步骤 05 双击添加的"**文本**"字幕，展开"**检查器**"|"**文本**"选项面板，在"**文本**"下方的编辑框中输入滚屏字幕内容，如图 9-68 所示。

步骤 06 在"**格式化**"选项区中，设置"**字体**"为"**宋体**"、"**大小**"为 55，"**对齐方式**"为居中，如图 9-69 所示。

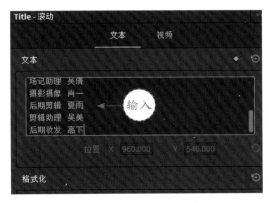

■图 9-68　输入滚屏字幕内容

■图 9-69　设置"格式化"参数

步骤 07 在"**背景**"选项区中，设置"**宽度**"参数为 0.400、"**高度**"参数为 1.100，如图 9-70 所示。

步骤 08 在下方设置"**角落半径**"参数为 0.000，如图 9-71 所示。

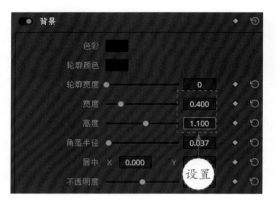

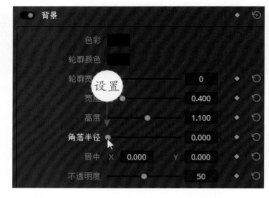

■图 9-70 设置"宽度"和"高度"参数　　　■图 9-71 设置"角落半径"参数

步骤 09 执行操作后，在预览窗口中可以查看字幕滚屏动画效果，如图 9-72 所示。

■图 9-72 查看字幕滚屏动画效果

9.3.2　淡入淡出：制作字幕淡入淡出运动特效

淡入淡出是指标题字幕以淡入淡出的方式显示或消失字幕的动画效果。下面主要介绍制作淡入淡出运动特效的操作方法，希望读者可以熟练掌握。

实战精通——俯瞰城市

步骤 01 打开一个项目文件，进入"**剪辑**"步骤面板，在预览窗口中，可以查看打开的项目效果，如图 9-73 所示。

步骤 02 在"**时间线**"面板中，选择 V2 轨道中添加的字幕文件，如图 9-74 所示。

■图 9-73　查看打开的项目效果　　　　　■图 9-74　选择添加的字幕文件

步骤03 在"**检查器**"面板中，单击"**视频**"按钮，切换至"**视频**"选项面板，如图 9-75 所示。

步骤04 在"**合成**"选项区中，拖动"**不透明度**"右侧的滑块，设置参数显示为 0.00，如图 9-76 所示。

■图 9-75　切换至"视频"选项面板　　　■图 9-76　设置"不透明度"参数（1）

步骤05 然后单击"**不透明度**"参数右侧的关键帧按钮，添加第 1 个关键帧，如图 9-77 所示。

步骤06 在"**时间线**"面板中，将"**时间指示器**"拖动至 01:00:00:08 位置处，如图 9-78 所示。

■图 9-77　添加第 1 个关键帧　　　　　■图 9-78　拖动"时间指示器"（1）

步骤 07 在"检查器"|"视频"选项面板中,设置"**不透明度**"参数为 100.00,即可自动添加第 2 个关键帧,如图 9-79 所示。

步骤 08 在"**时间线**"面板中,将"**时间指示器**"拖动至 01:00:00:16 位置处,如图 9-80 所示。

■图 9-79 设置"不透明度"参数(2)

■图 9-80 拖动"时间指示器"(2)

步骤 09 在"**检查器**"|"**视频**"选项面板中,单击"**不透明度**"右侧的关键帧按钮,添加第 3 个关键帧,如图 9-81 所示。

步骤 10 在"**时间线**"面板中,将"**时间指示器**"拖动至 01:00:00:24 位置处,如图 9-82 所示。

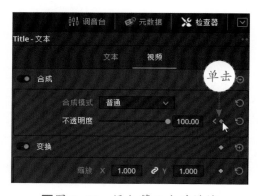

■图 9-81 添加第 3 个关键帧

■图 9-82 拖动"时间指示器"(3)

步骤 11 在"**检查器**"|"**视频**"选项面板中,再次向左拖动"**不透明度**"滑块,设置"**不透明度**"参数为 0.00,即可自动添加第 4 个关键帧,如图 9-83 所示。

■图 9-83 设置"不透明度"参数(3)

步骤12 执行操作后，在预览窗口中可以查看字幕淡入淡出动画效果，如图9-84所示。

■图9-84　查看字幕淡入淡出动画效果

9.3.3　裁切动画：制作字幕逐字显示运动特效

在DaVinci Resolve 16"**检查器**"|"**视频**"选项面板中，用户可以在"**裁切**"选项区中，通过调整相应参数制作字幕逐字显示的动画效果，下面向大家介绍制作裁切动画效果的操作方法。

实战精通——夜景摄影

步骤01 打开一个项目文件，进入"**剪辑**"步骤面板，在预览窗口中，可以查看打开的项目效果，如图9-85所示。

步骤02 在"**时间线**"面板中，选择V2轨道中添加的字幕文件，如图9-86所示。

■图9-85　查看打开的项目效果

■图9-86　选择添加的字幕文件

步骤03 打开"**检查器**"|"**视频**"选项面板，在"**裁切**"选项区中，拖动"**裁切右侧**"滑块至最右端，设置"**裁切右侧**"参数为最大值，如图9-87所示。

步骤04 单击"**裁切右侧**"关键帧按钮◆，添加第1个关键帧，如图9-88所示。

步骤05 在"**时间线**"面板中，将"**时间指示器**"拖动至01:00:00:20位置处，如图9-89所示。

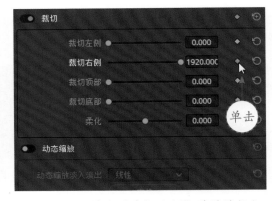

■图 9-87 拖动"裁切右侧"滑块至最右端 　■图 9-88 单击"裁切右侧"关键帧按钮

步骤 06 在"检查器"|"视频"选项面板的"**裁切**"选项区中，拖动"**裁切右侧**"滑块至最左端，设置"**裁切右侧**"参数为最小值，即可自动添加第 2 个关键帧，如图 9-90 所示。

■图 9-89 拖动"时间指示器" 　■图 9-90 拖动"裁切右侧"滑块至最左端

步骤 07 执行操作后，在预览窗口中可以查看字幕逐字显示动画效果，如图 9-91 所示。

■图 9-91 查看字幕逐字显示动画效果

9.3.4 动态缩放：制作字幕放大突出运动特效

在 DaVinci Resolve 16 "**检查器**" | "**视频**" 选项面板中，开启 "**动态缩放**" 功能，可以设置 "**时间线**" 面板中的素材画面放大或缩小的运动特效。"**动态缩放**" 功能在默认状态下为缩小运动特效，用户可以通过单击 "**切换**" 按钮，转换为放大运动特效，下面向大家介绍制作字幕放大突出运动特效的操作方法。

实战精通——雪莲盛开

步骤01 打开一个项目文件，在预览窗口中，可以查看打开的项目效果，如图 9-92 所示。

步骤02 在 "**时间线**" 面板中，选择 V2 轨道中添加的字幕文件，如图 9-93 所示。

■图 9-92　查看打开的项目效果　　　■图 9-93　选择添加的字幕文件

步骤03 打开 "**检查器**" | "**视频**" 选项面板，单击 "**动态缩放**" 按钮 ●，如图 9-94 所示。

步骤04 执行操作后，即可开启 "**动态缩放**" 功能区域，在下方单击 "**交换**" 按钮，如图 9-95 所示。

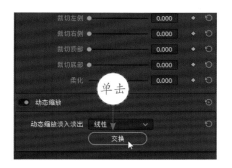

■图 9-94　单击 "动态缩放" 按钮　　　■图 9-95　单击 "交换" 按钮

步骤05 在预览窗口中可以查看字幕放大突出动画效果，如图 9-96 所示。

■图 9-96 查看字幕放大突出动画效果

9.3.5 旋转效果：制作字幕旋转飞入运动特效

在 DaVinci Resolve 16 中，通过设置"**旋转角度**"参数，可以制作出字幕旋转飞入动画效果，下面向大家介绍具体的操作方法。

实战精通——海湾景色

步骤01 打开一个项目文件，进入"**剪辑**"步骤面板，在预览窗口中，可以查看打开的项目效果，如图 9-97 所示。

步骤02 在"**时间线**"面板中，选择 V2 轨道中添加的字幕文件，拖动"**时间指示器**"至 01:00:00:20 位置处，如图 9-98 所示。

■图 9-97 查看打开的项目效果 ■图 9-98 选择添加的字幕文件

步骤03 打开"**检查器**"|"**文本**"选项面板，单击"**位置**""**缩放**""**旋转角度**"右侧的关键帧按钮，添加第 1 组关键帧，如图 9-99 所示。

步骤04 然后将"**时间指示器**"移至开始位置处，在"**检查器**"|"**文本**"选项面板中，设置"**位置**"参数为（520.000、1100.000）、"**缩放**"参数为（0.250、0.250）、"**旋转角度**"参数为 -360.000，如图 9-100 所示。

■图 9-99　单击"动态缩放"按钮　　　　■图 9-100　单击"交换"按钮

步骤05 执行上述操作后，在预览窗口中，可以查看字幕旋转飞入动画效果，如图 9-101 所示。

■图 9-101　查看字幕放大突出动画效果

专家指点

　　本例为了特效的美观度，除了调整字幕旋转的角度，还设置了字幕的开始位置和结束位置的关键帧，并调整了字幕的"缩放"参数，使字幕呈现出从画面最左上角旋转放大飞入字幕的最终效果。除了在"检查器"|"文本"选项面板中可以设置旋转飞入运动特效，用户还可以在"检查器"|"视频"选项面板的"变换"选项区中执行同样的操作，制作字幕旋转飞入运动特效。

第10章 最后输出：渲染与导出成品视频

学习提示

在 DaVinci Resolve 16 中，当用户完成一段影视内容的编辑，并且对编辑的效果感到满意时，用户可以将其输出成各种不同格式的文件。在导出视频文件时，用户需要对视频的格式、预设、输出名称和位置以及其他选项进行设置，本章主要介绍如何设置影片渲染输出，并输出成各种不同格式的文件。

10.1 渲染单个或多个成品视频

在 DaVinci Resolve 16 "剪辑"或"调色"步骤面板中，将视频素材编辑完成后，用户可以切换至"交付"步骤面板。然后在"渲染设置"面板中，将成品视频渲染输出为单个或多个视频文件，本节将向大家介绍在 DaVinci Resolve 16 "交付"步骤面板中渲染输出视频文件的操作方法。

10.1.1　将视频渲染成单个片段

在 DaVinci Resolve 16 "交付"步骤面板中，用户可以将编辑完成的一个或多个素材片段，渲染输出为一个完整的视频文件。下面介绍将视频渲染成单个片段的具体操作方法。

实战精通——山河美景

步骤01 打开一个项目文件，进入"**剪辑**"步骤面板，如图 10-1 所示。

■图 10-1　打开一个项目文件

步骤02 在预览窗口中，可以查看打开的项目效果，如图 10-2 所示。

■图 10-2　查看打开的项目效果

步骤 03 在下方单击"**交付**"按钮 🚀，如图 10-3 所示。

步骤 04 切换至"**交付**"步骤面板，如图 10-4 所示。

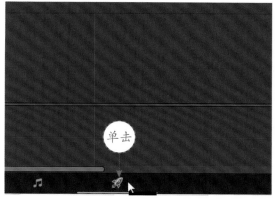

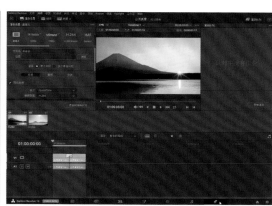

■图 10-3　单击"交付"按钮　　　　　　　■图 10-4　切换至"交付"步骤面板

步骤 05 在左上角的"**渲染设置**"|"**渲染设置－自定义**"选项面板的"**文件名**"右侧的文本框中，输入内容"**山河美景**"，设置渲染的文件名称，如图 10-5 所示。

步骤 06 单击"**位置**"右侧的"**浏览**"按钮，如图 10-6 所示。

■图 10-5　输入内容　　　　　　　　　　■图 10-6　单击"浏览"按钮

步骤 07 弹出"**文件目标**"对话框，在其中设置文件的保存位置，单击"**保存**"按钮，如图 10-7 所示。

步骤 08 即可在"**位置**"右侧的文本框中显示保存路径，在下方选中"**单个片段**"单选按钮，如图 10-8 所示。表示将所选时间线范围渲染为单个片段。

步骤 09 单击"**添加到渲染队列**"按钮，如图 10-9 所示。

步骤 10 即可将视频文件添加到右上角的"**渲染队列**"面板中，单击面板下方的"**开始渲染**"按钮，如图 10-10 所示。

■图 10-7　单击"保存"按钮

■图 10-8　选中"单个片段"单选按钮

■图 10-9　单击"添加到渲染队列"按钮

■图 10-10　单击"开始渲染"按钮

步骤 11　开始渲染视频文件，并显示了视频渲染进度，如图 10-11 所示。

步骤 12　待渲染完成后，在渲染列表上会显示完成用时，表示渲染成功，如图 10-12 所示。在视频渲染保存的文件夹中，可以查看渲染输出的视频。

■图 10-11　显示视频渲染进度

■图 10-12　显示完成用时

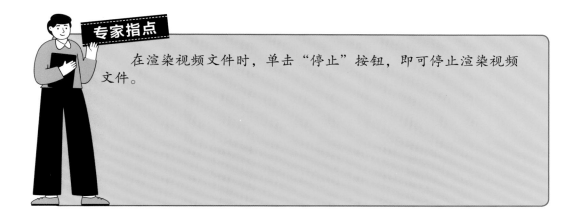

专家指点

在渲染视频文件时，单击"停止"按钮，即可停止渲染视频
文件。

10.1.2 将多个视频片段单独渲染

在 DaVinci Resolve 16"交付"步骤面板中，用户可以将编辑完成的一段视频
素材分割为多段素材，然后渲染输出为多个单独的视频文件。下面介绍将多个视频片
段单独渲染的操作方法。

实战精通——繁华都市

步骤01 打开一个项目文件，进入"**剪辑**"步骤面板，在"**时间线**"面板的工具
栏中，单击"**刀片编辑模式**"按钮 ▥▥▥，如图 10-13 所示。

■图 10-13 单击"刀片编辑模式"按钮

步骤02 应用刀片工具，在 01:00:01:21 和 01:00:02:23 位置处，将视频素材
分割为三段，如图 10-14 所示。

■图 10-14 将视频素材分割为三段

步骤03 在预览窗口中，可以查看分割后的项目效果，如图 10-15 所示。

■图 10-15　查看分割后的项目效果

步骤04 切换至"**交付**"步骤面板，在"**渲染设置**"|"**渲染设置 – 自定义**"选项面板中，设置文件名称和保存位置，如图 10-16 所示。

步骤05 在"**渲染**"右侧，选中"**多个单独片段**"单选按钮，如图 10-17 所示。

■图 10-16　设置文件名称和保存位置　　　　■图 10-17　选中"多个单独片段"单选按钮

步骤06 单击"**添加到渲染队列**"按钮，如图 10-18 所示。

步骤07 将视频文件添加到右上角的"**渲染队列**"面板中，单击面板下方的"**开始渲染**"按钮，如图 10-19 所示。

■图 10-18　单击"添加到渲染队列"按钮　　　　■图 10-19　单击"开始渲染"按钮

步骤09 开始渲染视频文件，并显示视频渲染进度，如图 10-20 所示。

步骤10 待渲染完成后，在渲染列表上会显示完成用时，表示渲染成功。在视频渲染保存的文件夹中，可以查看渲染输出的视频，如图 10-21 所示。

■ 图 10-20　显示视频渲染进度　　　　■ 图 10-21　查看渲染输出的视频

10.2 设置视频的导出格式

本节主要向读者介绍使用 DaVinci Resolve 16 导出视频的各种操作方法，主要包括导出 MP4、MOV、AVI、EXR 以及 DPX 等视频格式，希望读者熟练掌握本节视频格式的渲染输出技巧。

10.2.1　导出 MP4：导出云层之上视频

MP4 全称 MPEG-4 Part 14，是一种使用 MPEG-4 的多媒体电脑档案格式，文件格式名为 .mp4，MP4 格式的优点是应用广泛，这种格式在大多数播放软件、非线性编辑软件以及智能手机中都能播放。下面向读者介绍导出 MP4 视频文件的操作方法。

实战精通——云层之上

步骤01 打开一个项目文件，进入"**剪辑**"步骤面板，在预览窗口中，可以查看打开的项目效果，如图 10-22 所示。

步骤02 切换至"**交付**"步骤面板，在"**渲染设置**"|"**渲染设置 – 自定义**"选项面板中，设置文件名称和保存位置，如图 10-23 所示。

■图 10-22　打开一个项目文件　　　　　　■图 10-23　设置文件名称和保存位置

步骤03 在"**导出视频**"选项区中，单击"**格式**"右侧的下拉按钮，在弹出的下拉列表中，选择 MP4 选项，如图 10-24 所示。

步骤04 单击"**添加到渲染队列**"按钮，如图 10-25 所示。

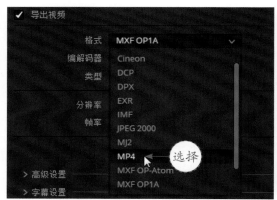

■图 10-24　选择 MP4 选项　　　　　　　■图 10-25　单击"添加到渲染队列"按钮

专家指点

　　当"导出视频"复选框取消选中时，"导出视频"选项区中的设置会呈灰色、不可用状态，需要用户重新选中"导出视频"复选框，才可以继续进行相关的选项设置。

　　如果第一次渲染 MP4 视频失败，用户可以先切换成其他视频格式，然后再重新设置"格式"为 MP4 视频格式即可。

步骤05 将视频文件添加到右上角的"**渲染队列**"面板中，单击面板下方的"**开始渲染**"按钮，如图 10-26 所示。

步骤06 开始渲染视频文件，并显示视频渲染进度，待渲染完成后，在渲染列表上会显示完成用时，表示渲染成功，如图 10-27 所示。在视频渲染保存的文件夹中，可以查看渲染输出的视频。

■图 10-26　单击"开始渲染"按钮　　　　■图 10-27　显示完成用时

10.2.2　导出 MOV：导出花开并蒂视频

MOV 格式是指 Quick Time 格式，是苹果（Apple）公司创立的一种视频格式。在 DaVinci Resolve 16 中，Quick Time 是默认状态下设置的一种视频格式，下面向读者介绍导出 MOV 视频文件的操作方法。

实战精通——花开并蒂

步骤01 打开一个项目文件，进入"**剪辑**"步骤面板，在预览窗口中，可以查看打开的项目效果，如图 10-28 所示。

步骤02 切换至"**交付**"步骤面板，在"**渲染设置**"|"**渲染设置－自定义**"选项面板中，设置文件名称和保存位置，然后单击"**添加到渲染队列**"按钮，如图 10-29 所示。

步骤03 将视频文件添加到右上角的"**渲染队列**"面板中，单击面板下方的"**开始渲染**"按钮，如图 10-30 所示。

步骤04 开始渲染视频文件，并显示视频渲染进度，待渲染完成后，在渲染列表上会显示完成用时，表示渲染成功，如图 10-31 所示。在视频渲染保存的文件夹中，可以查看渲染输出的视频。

■图 10-28　打开一个项目文件　　　　■图 10-29　单击"添加到渲染队列"按钮

■图 10-30　单击"开始渲染"按钮　　　　■图 10-31　显示完成用时

10.2.3　导出 AVI：导出古镇风光视频

AVI 主要应用在多媒体光盘上，用来保存电视、电影等各种影像信息，它的优点是兼容性好，图像质量好，只是导出的尺寸和容量有点儿偏大。下面向读者介绍导出 AVI 视频文件的操作方法。

实战精通——古镇风光

步骤01 打开一个项目文件，进入"**剪辑**"步骤面板，在预览窗口中，可以查看打开的项目效果，如图 10-32 所示。

步骤02 切换至"**交付**"步骤面板，在"**渲染设置**"|"**渲染设置－自定义**"选项面板中，设置文件名称和保存位置，如图 10-33 所示。

步骤03 在"**导出视频**"选项区中，单击"**格式**"右侧的下拉按钮，在弹出的下拉列表中，选择 AVI 选项，如图 10-34 所示。

步骤04 单击"**添加到渲染队列**"按钮，如图 10-35 所示。

■图 10-32　打开一个项目文件

■图 10-33　设置文件名称和保存位置

■图 10-34　选择 AVI 选项

■图 10-35　单击"添加到渲染队列"按钮

步骤 05　将视频文件添加到右上角的**"渲染队列"**面板中，单击面板下方的**"开始渲染"**按钮，如图 10-36 所示。

步骤 06　开始渲染视频文件，并显示视频渲染进度，待渲染完成后，在渲染列表上会显示完成用时，表示渲染成功，如图 10-37 所示。在视频渲染保存的文件夹中，可以查看渲染输出的视频。

■图 10-36　单击"开始渲染"按钮

■图 10-37　显示完成用时

10.2.4　导出 EXR：导出冰水特效视频

.exr 文件格式是 OpenEXR 软件的文件拓展名显示格式，OpenEXR 是由工业光魔 (Industrial Light & Magic) 开发的一种文件格式，适用于高动态范围图像，同时支持 16 位图像和 32 位图像。下面向大家介绍在 DaVinci Resolve 16 中导出 .exr 格式视频文件的操作方法。

实战精通——冰水特效

步骤01 打开一个项目文件，进入"**剪辑**"步骤面板，在预览窗口中，可以查看打开的项目效果，如图 10-38 所示。

步骤02 切换至"**交付**"步骤面板，在"**渲染设置**"|"**渲染设置-自定义**"选项面板中，设置文件名称和保存位置，如图 10-39 所示。

■图 10-38　打开一个项目文件　　　　■图 10-39　设置文件名称和保存位置

步骤03 在"**导出视频**"选项区中，单击"**格式**"右侧的下拉按钮，在弹出的下拉列表中，选择 EXR 选项，如图 10-40 所示。

步骤04 单击"**添加到渲染队列**"按钮，如图 10-41 所示。

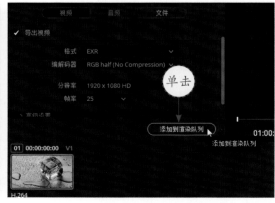

■图 10-40　选择 EXR 选项　　　　■图 10-41　单击"添加到渲染队列"按钮

步骤05 将视频文件添加到右上角的"**渲染队列**"面板中，单击面板下方的"**开始渲染**"按钮，如图 10-42 所示。

步骤06 开始渲染视频文件，并显示视频渲染进度，待渲染完成后，在渲染列表上会显示完成用时，表示渲染成功，如图 10-43 所示。在视频渲染保存的文件夹中，可以查看渲染输出的视频。

■图 10-42　单击"开始渲染"按钮　　　　■图 10-43　显示完成用时

10.2.5　导出 DPX：导出天边云彩视频

DPX 是一种用于制作电影的格式，可以用来传输电影图像到数字媒体。下面向大家介绍在 DaVinci Resolve 16 中导出 DPX 格式视频文件的操作方法。

实战精通——天边云彩

步骤01 打开一个项目文件，进入"**剪辑**"步骤面板，在预览窗口中，可以查看打开的项目效果，如图 10-44 所示。

步骤02 切换至"**交付**"步骤面板，在"**渲染设置**"|"**渲染设置 - 自定义**"选项面板中，设置文件名称和保存位置，如图 10-45 所示。

■图 10-44　打开一个项目文件　　　　■图 10-45　设置文件名称和保存位置

步骤03 在"**导出视频**"选项区中，单击"**格式**"右侧的下拉按钮，在弹出的下拉列表中，选择 DPX 选项，如图 10-46 所示。

步骤04 单击"**添加到渲染队列**"按钮，如图 10-47 所示。

■图 10-46　选择 DPX 选项　　　　　■图 10-47　单击"添加到渲染队列"按钮

步骤05 将视频文件添加到右上角的"**渲染队列**"面板中，单击面板下方的"**开始渲染**"按钮，如图 10-48 所示。

步骤06 开始渲染视频文件，并显示视频渲染进度，待渲染完成后，在渲染列表上会显示完成用时，表示渲染成功，如图 10-49 所示。在视频渲染保存的文件夹中，可以查看渲染输出的视频。

■图 10-48　单击"开始渲染"按钮　　　　　■图 10-49　显示完成用时

10.2.6　导出音频：导出如画美景音频

在 DaVinci Resolve 16 中，除了渲染输出视频文件外，用户还可以在"交付"步骤面板中，通过设置渲染输出选项，单独导出与视频文件链接的音频文件，下面介绍导出音频文件的具体操作方法。

实战精通——如画美景

步骤 01 打开一个项目文件，进入"**剪辑**"步骤面板，在预览窗口中，可以查看打开的项目效果，如图 10-50 所示。

步骤 02 切换至"**交付**"步骤面板，在"**渲染设置**"|"**渲染设置 – 自定义**"选项面板中，设置文件名称和保存位置，如图 10-51 所示。

■图 10-50　打开一个项目文件　　　　■图 10-51　设置文件名称和保存位置

步骤 03 设置完成后，在下方的"**视频**"选项卡中，取消选中"**导出视频**"复选框，如图 10-52 所示。

步骤 04 单击"**音频**"按钮，切换至"**音频**"选项卡，如图 10-53 所示。

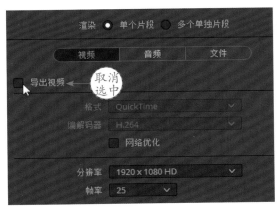

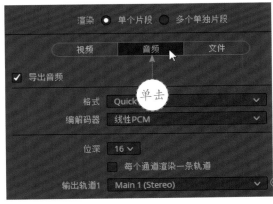

■图 10-52　取消选中"导出视频"　　　　■图 10-53　单击音频

步骤 05 在"**导出音频**"选项区中，单击"**格式**"右侧的下拉按钮，在弹出的下拉列表中，选择 MP4 选项，如图 10-54 所示。

步骤 06 在"**渲染设置 – 自定义**"选项面板下方，单击"**添加到渲染队列**"按钮，如图 10-55 所示。

■图 10-54　选择 MP4 选项　　　　　■图 10-55　单击"添加到渲染队列"按钮

步骤 07　将渲染文件添加到右上角的"**渲染队列**"面板中，单击面板下方的"**开始渲染**"按钮，如图 10-56 所示。

■图 10-56　单击"开始渲染"按钮

步骤 08　开始渲染音频文件，并显示音频渲染进度，待渲染完成后，在渲染列表上会显示完成用时，表示渲染成功，在渲染保存的文件夹中，可以查看渲染输出的音频文件，如图 10-57 所示。

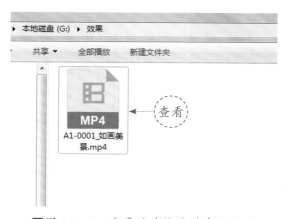

■图 10-57　查看渲染输出的音频文件

专家指点

在渲染视频文件时，为了提高工作效率，DaVinci Resolve 16 为用户提供了多种渲染设置的预设图标，如图 10-58 所示。单击相应的预设图标，即可快速设置渲染输出视频格式。

■图 10-58　渲染预设图标

另外，在"渲染队列"面板中，用户可以通过以下两种方法，清除列表中的渲染文件。

- 第一种是单击渲染文件右上角的"清除"按钮☒，如图 10-59 所示。即可清除渲染文件。

■图 10-59　单击"清除"按钮

- 第二种是在"渲染队列"面板的右上角，单击"设置"按钮●●●，弹出的列表框，如图 10-60 所示。选择"清除已渲染的作业"选项，即可将渲染完成的文件删除，选择"全部清除"选项，即可将列表中的所有渲染文件删除。

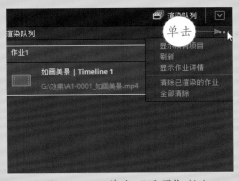

■图 10-60　单击"设置"按钮

第11章 制作人像视频
——多彩女人

学习提示

　　拍摄人像照片或视频时，通常情况下都会在拍摄前期通过妆容、服饰、场景、角度、构图等方面来达到最好的人像拍摄效果，这样拍摄出来的素材后期处理时才更容易。在 DaVinci Resolve 16 中，用户可以根据需要对人像视频素材进行肤色调整、光线调整、色相调整等操作，制作风格多样的人像视频效果。

11.1 制作人像视频

　　本例主要介绍将 4 段人像视频素材分别制作成港式怀旧、惊悚幽灵、战争绿调以及清新甜美风格效果的操作方法。在制作人像视频效果之前，首先预览《多彩女人》项目效果，并掌握项目技术提炼等内容。

11.1.1　效果赏析

　　本实例制作的是人像视频——《多彩女人》，下面预览视频进行影调风格调色前后效果的对比，如图 11-1 所示。

港式怀旧风格调色前后对比效果

惊悚幽灵风格调色前后对比效果

战争绿调风格调色前后对比效果

■ 图 11-1　人像视频——《多彩女人》项目效果欣赏

清新甜美风格调色前后对比效果

■图 11-1 人像视频——《多彩女人》项目效果欣赏（续）

11.1.2 技术提炼

在 DaVinci Resolve 16 "剪辑"步骤面板中，用户可以先建立一个项目文件，然后将人像视频素材导入"媒体池"面板内，如图 11-2 所示。然后根据需要依次将素材添加至"时间线"面板中，切换至"调色"步骤面板，对添加的人像视频素材进行颜色校正、节点调整以及窗口抠图等调色操作，将人像视频素材制作成港式怀旧、惊悚幽灵、战争绿调以及清新甜美等风格效果。

■图 11-2 在"媒体池"面板中导入人像视频素材

11.2 调色制作过程

本节主要介绍《多彩女人》视频文件的调色制作过程，包括调色校正、创建选取抠像、肤色调整以及制作视频动态缩放等内容，希望读者可以熟练掌握人像视频风格调色的各种制作方法。

11.2.1 制作港式怀旧风格调色效果

第一个需要制作的是港式怀旧风格调色效果，需要保留人物脸上的细节，并为素材添加红色调，使素材画面更具怀旧风格，下面介绍具体的调色制作过程。

步骤01 进入"**剪辑**"步骤面板，在"**媒体池**"面板中，选中"**素材 1**"视频素材，如图 11-3 所示。

步骤02 单击鼠标左键，将其拖动至"**时间线**"面板的 V1 轨道上，如图 11-4 所示。

■图 11-3　选中"素材 1"视频素材　　　　■图 11-4　拖动视频素材

步骤03 切换至"**调色**"步骤面板，在"**示波器**"面板中，可以查看素材分量图效果，如图 11-5 所示。

步骤04 在预览窗口中的图像上，单击鼠标右键，在弹出的快捷菜单中，选择"**抓取静帧**"选项，如图 11-6 所示。待调色后可用作对比。

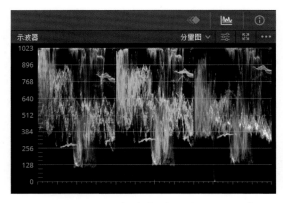

■图 11-5　查看素材分量图效果　　　　■图 11-6　选择"抓取静帧"选项

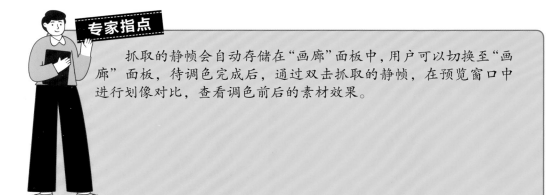

专家指点

抓取的静帧会自动存储在"画廊"面板中，用户可以切换至"画廊"面板，待调色完成后，通过双击抓取的静帧，在预览窗口中进行划像对比，查看调色前后的素材效果。

步骤05 展开"**一级校色条**"面板，设置"**暗部**"校色条 R 参数为 -0.23、"**亮部**"校色条 Y 参数为 0.87，如图 11-7 所示。

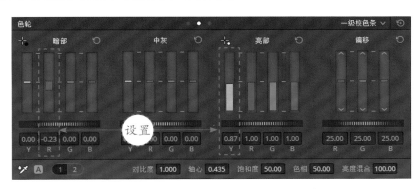

■ 图 11-7　设置"暗部"和"亮部"参数

步骤06 切换至"**RGB 混合器**"面板，拖动通道滑块，设置"**红色输出**"通道 G 参数为 0.21，如图 11-8 所示。

步骤07 在菜单栏中，单击"**调色**"|"**调色版本**"|"**添加**"命令，如图 11-9 所示，添加当前调色版本。

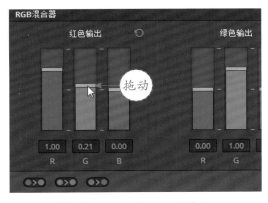

■ 图 11-8　拖动通道滑块

■ 图 11-9　单击"添加"命令

265

步骤08 在"检视器"面板上方,单击"划像"按钮 ▣▢,如图 11-10 所示。

步骤09 在预览窗口中,双击鼠标左键,当光标呈双向箭头形状时,左右拖动光标划像查看调色前后的对比效果,如图 11-11 所示。

■图 11-10 单击"划像"按钮　　　■图 11-11 划像查看调色前后的对比效果

步骤10 在"**节点**"面板中,选中 01 节点,单击鼠标右键,弹出快捷菜单,选择"**添加节点**"|"**添加并行节点**"选项,如图 11-12 所示。

步骤11 执行操作后,即可在"**节点**"面板中,添加一个"**并行混合器**"和一个编号为 03 的节点,如图 11-13 所示。

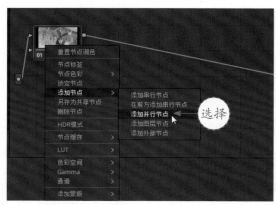
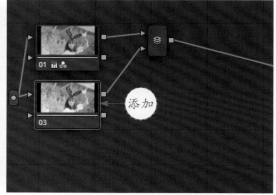

■图 11-12 选择"添加并行节点"选项　　　■图 11-13 添加节点

步骤12 在"**检视器**"面板取消划像对比查看,切换至"**窗口**"面板,激活"**曲线**"窗口,在预览窗口中绘制一个形状选区,如图 11-14 所示。

步骤13 在"**窗口**"面板的"**柔化**"选项区中,设置"**内**"参数为 5.00,如图 11-15 所示。添加当前调色版本。

■图 11-14　绘制一个形状选区　　　　■图 11-15　选择"抓取静帧"选项

步骤14　在"**一级校色条**"面板中，拖动"**偏移**"校色条 R 通道上的滑块，设置"**偏移**"R 参数为 29.00，如图 11-16 所示。

步骤15　在"**RGB 混合器**"面板中，拖动"**红色输出**"通道滑块，设置"**红色输出**"G 参数为 0.15，如图 11-17 所示。

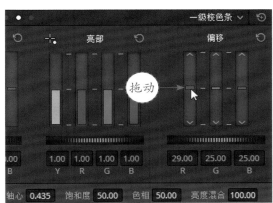

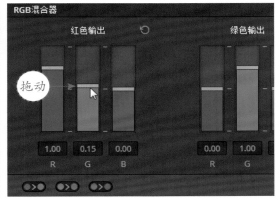

■图 11-16　设置"偏移"R 参数　　　　■图 11-17　设置"红色输出"G 参数

步骤16　在"**检视器**"面板上方，单击"**分屏**"按钮▦，如图 11-18 所示。

步骤17　在预览窗口右上角单击下拉按钮，在弹出的列表框中，选择"**调色版本和原始图像**"选项，如图 11-19 所示。

步骤18　执行上述操作后，在预览窗口中，即可分屏查看多个版本的调色效果，如图 11-20 所示。

步骤19　切换至"**示波器**"面板中，查看港式怀旧风格调色完成后的分量图效果，如图 11-21 所示。

■图 11-18　单击"分屏"按钮　　　　　■图 11-19　选择"调色版本和原始图像"选项

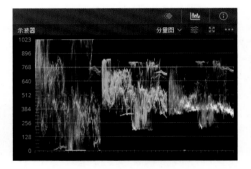

■图 11-20　分屏查看多个版本的调色效果　　　■图 11-21　查看分量图效果

步骤 **20**　切换至"**剪辑**"步骤面板，在"**时间线**"面板中，选择素材文件，展开"**检查器**"|"**视频**"面板，单击"**动态缩放**"按钮 ，如图 11-22 所示。

步骤 **21**　执行操作后，即可为素材文件添加动态缩放效果，在预览窗口中，可以查看最终制作的视频效果，如图 11-23 所示。

■图 11-22　单击"动态缩放"按钮　　　　■图 11-23　查看最终制作的视频效果

11.2.2　制作惊悚幽灵风格调色效果

第二个需要制作的是惊悚幽灵风格调色效果，在很多影视片段中，惊悚幽灵风格主要以冷色调为主，下面会将人像视频素材调为蓝绿色调，使画面整体基调偏向哀婉，下面介绍具体的调色制作过程。

步骤01　进入"**剪辑**"步骤面板，在"**媒体池**"面板中，选中"**素材2**"视频素材，如图11-24所示。

步骤02　单击鼠标左键，将其拖动至"**时间线**"面板的V1轨道上，在预览窗口中可以查看添加的视频效果，如图11-25所示。

■图11-24　选中"素材2"视频素材　　　■图11-25　查看添加的视频效果

步骤03　切换至"**调色**"步骤面板，在"**示波器**"面板中，可以查看素材分量图效果，如图11-26所示。

步骤04　在预览窗口中的图像上，单击鼠标右键，在弹出的快捷菜单中，选择"**抓取静帧**"选项，如图11-27所示。待调色后可用作对比。

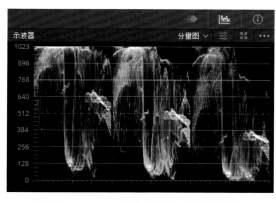

■图11-26　查看素材分量图效果　　　■图11-27　选择"抓取静帧"选项

步骤05　展开"**一级校色条**"面板，拖动"**暗部**"色条通道滑块，设置YRGB

参数为 −0.20、−0.30、0.30、0.30，如图 11-28 所示。

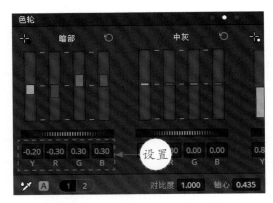

■图 11-28　设置"暗部"参数

步骤06　用同样的方法，拖动"**亮部**"色条通道滑块，设置 YRGB 参数为 0.85、1.00、1.30、1.70，如图 11-29 所示。

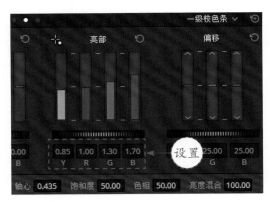

■图 11-29　设置"亮部"参数

步骤07　在菜单栏中，单击"**调色**"|"**调色版本**"|"**添加**"命令，如图 11-30 所示。添加当前调色版本。

■图 11-30　单击"添加"按钮

步骤08　在"**检视器**"面板上方，单击"**划像**"按钮▣，如图 11-31 所示。

■图 11-31　单击"划像"按钮

专家指点

　　在"调色"步骤面板中，用户通过菜单栏添加调色版本后，如需切换或删除添加的版本，可以展开"时间线"面板，选中"时间线"面板中的素材缩略图，单击鼠标右键，在弹出的快捷菜单顶部，即可执行创建、切换、删除调色版本等操作。

步骤09 在预览窗口中，双击鼠标左键，当光标呈双向箭头形状时，左右拖动光标划像查看调色前后的对比效果，如图 11-32 所示。

步骤10 再次单击"**划像**"按钮，取消划像对比查看，如图 11-33 所示。

■图 11-32 划像查看调色前后的对比效果　　　■图 11-33 再次单击"划像"按钮

步骤11 在"**节点**"面板中，选中 01 节点，单击鼠标右键，弹出快捷菜单，选择"**添加节点**"|"**添加串行节点**"选项，如图 11-34 所示。

步骤12 在"**节点**"面板中，即可添加一个编号为 02 的节点，如图 11-35 所示。

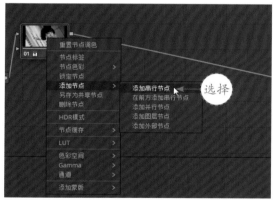

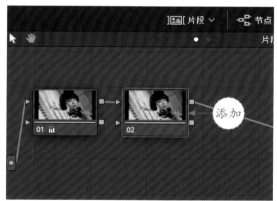

■图 11-34 选择"添加串行节点"选项　　　■图 11-35 添加节点

步骤13 切换至"**窗口**"面板，激活"**圆形**"窗口，在预览窗口中绘制一个形状选区，如图 11-36 所示。

步骤14 在"**色轮**"面板下方，设置"**对比度**"参数为 1.200、"**轴心**"参数为 0.143，如图 11-37 所示，增加人物脸部明暗对比。

步骤15 在"**检视器**"面板上方，单击"**分屏**"按钮，如图 11-38 所示。

步骤16 在预览窗口右上角单击下拉按钮，在弹出的列表框中，选择"**调色版本和原始图像**"选项，如图 11-39 所示。

■图 11-36 绘制一个形状选区

■图 11-37 设置相应参数

■图 11-38 单击"分屏"按钮

■图 11-39 选择"调色版本和原始图像"选项

步骤17 执行上述操作后,在预览窗口中,即可分屏查看多个版本的调色效果,如图 11-40 所示。

步骤18 切换至"示波器"面板中,查看惊悚幽灵风格调色完成后的分量图效果,如图 11-41 所示。

■图 11-40 分屏查看多个版本的调色效果

■图 11-41 查看调色完成后的分量图

步骤19 切换至"**剪辑**"步骤面板，在"**时间线**"面板中，选择素材文件，展开"**检查器**"|"**视频**"面板，单击"**动态缩放**"按钮 ，如图11-42所示。

步骤20 执行操作后，即可为素材文件添加动态缩放效果，在预览窗口中可以查看最终制作的视频效果，如图11-43所示。

■图11-42 单击"动态缩放"按钮

■图11-43 查看最终制作的视频效果

11.2.3 制作战争绿调风格调色效果

很多战争题材都会应用大量的蓝色调和绿色调来处理影视片段，下面便应用战争绿调风格对人物眼睛特写视频素材进行调色，具体操作步骤如下。

步骤01 进入"**剪辑**"步骤面板，在"**媒体池**"面板中，选中"**素材3**"视频素材，单击鼠标左键，将其拖动至"**时间线**"面板的V1轨道上，如图11-44所示。

步骤02 在预览窗口中可以查看添加的视频效果，如图11-45所示。

■图11-44 拖动素材至视频轨

■图11-45 查看添加的视频效果

步骤03 切换至"**调色**"步骤面板，在"**示波器**"面板中，可以查看素材分量图效果，如图11-46所示。

步骤04 在预览窗口中的图像上，单击鼠标右键，在弹出的快捷菜单中，选择"**抓取静帧**"选项，如图11-47所示。待调色后可用作对比。

步骤05 展开"**一级校色条**"面板，拖动"**暗部**"色条下方的轮盘，设置YRGB 参数均为 −0.05，如图 11-48 所示。

步骤06 然后拖动"**亮部**"色条通道滑块，设置 YRGB 参数为 1.05、1.05、1.5、1.26，如图 11-49 所示。

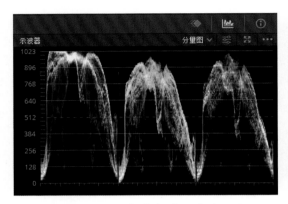

■图 11-46　查看素材分量图效果

■图 11-47　选择"抓取静帧"选项

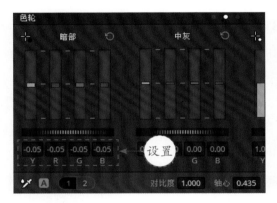

■图 11-48　设置"暗部"参数

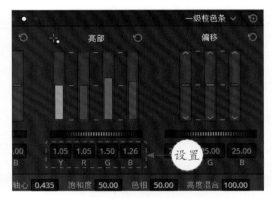

■图 11-49　设置"亮部"参数

步骤07 在菜单栏中，单击"**调色**"|"**调色版本**"|"**添加**"命令，如图 11-50 所示，添加当前调色版本。

步骤08 在"**检视器**"面板上方，单击"**划像**"按钮▣，如图 11-51 所示。

步骤09 在预览窗口中，双击鼠标左键，当光标呈双向箭头形状时，左右拖动光标划像查看调色前后的对比效果，如图 11-52 所示。

步骤10 再次单击"**划像**"按钮▣，取消划像对比查看，在"**节点**"面板中，添加一个编号为 02 的串行节点，如图 11-53 所示。

■图 11-50 单击"添加"按钮

■图 11-51 单击"划像"按钮

■图 11-52 划像查看调色前后的对比效果

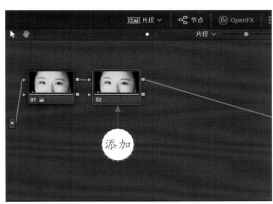

■图 11-53 添加 02 串行节点

步骤11 在"**一级校色条**"面板中，设置"**亮部**"色条的 G 通道参数为 1.12，如图 11-54 所示。

步骤12 在下方面板中，设置"**对比度**"参数为 0.800，如图 11-55 所示。

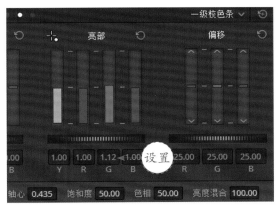

■图 11-54 设置"亮部"G 通道参数

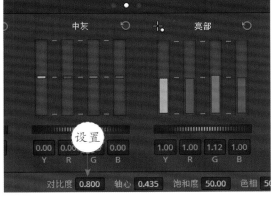

■图 11-55 添加节点

步骤 13 执行操作后，在菜单栏中，单击"**调色**"|"**调色版本**"|"**添加**"命令，将 02 节点的调色效果添加为第 2 个调色版本，然后在"**节点**"面板中，添加一个编号为 03 的串行节点，如图 11-56 所示。

步骤 14 展开"**色相 VS 饱和度**"曲线面板，在面板下方单击绿色矢量色块，如图 11-57 所示。

步骤 15 在编辑器中的曲线上添加三个控制点，选中中间的控制点，如图 11-58 所示。

步骤 16 在面板右下角，设置"**输入色相**"参数为 16.52、"**饱和度**"参数为 1.23，如图 11-59 所示。

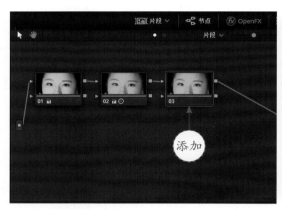

■图 11-56 添加编号为 03 的串行节点

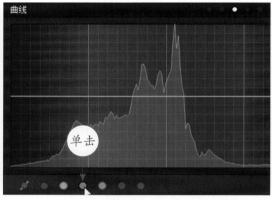

■图 11-57 单击绿色矢量色块

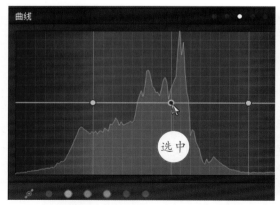

■图 11-58 选中控制点

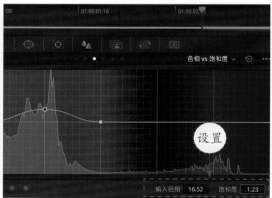

■图 11-59 设置相应参数

步骤 17 在"**检视器**"面板上方，单击"**分屏**"按钮 ▦ ，如图 11-60 所示。

步骤 18 在预览窗口右上角单击下拉按钮，在弹出的列表框中，选择"**调色版本和原始图像**"选项，如图 11-61 所示。

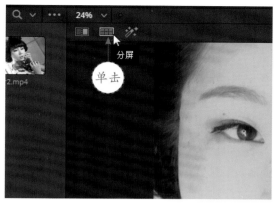

■图 11-60　单击"分屏"按钮

■图 11-61　选择"调色版本和原始图像"选项

步骤 19　执行上述操作后，在预览窗口中，即可分屏查看多个版本的调色效果，如图 11-62 所示。

步骤 20　切换至"**示波器**"面板中，查看战争绿调风格调色完成后的分量图效果，如图 11-63 所示。

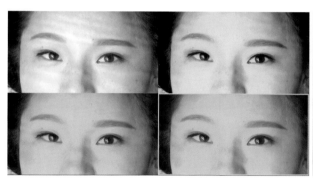

■图 11-62　分屏查看多个版本的调色效果

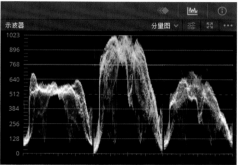

■图 11-63　查看调色完成后的分量图

11.2.4　制作清新甜美风格调色效果

第四个需要制作的是清新甜美风格调色效果，清新甜美风格色彩清淡，人物肤色透亮，画面清新、干净，给观众的视觉感非常舒适，下面介绍具体的调色制作过程。

步骤 01　进入"**剪辑**"步骤面板，在"**媒体池**"面板中，选中并拖动"**素材 4**"视频素材，将其添加至"时间线"面板的 V1 轨道上，如图 11-64 所示。

步骤 02　在预览窗口中可以查看添加的视频效果，如图 11-65 所示。

步骤 03　切换至"**调色**"步骤面板，在"**示波器**"面板中，可以查看素材分量图效果，如图 11-66 所示。

步骤 04　在预览窗口中的图像上，单击鼠标右键，在弹出的快捷菜单中，选择"**抓**

取静帧"选项，如图 11-67 所示。待效果制作完成后，可用作对比。

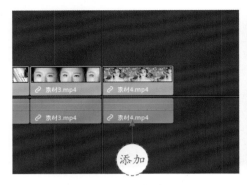

■图 11-64　将素材添加至视频轨

■图 11-65　查看添加的视频效果

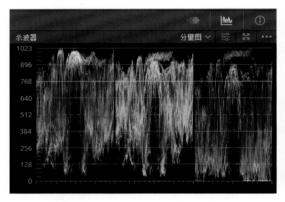

■图 11-66　查看素材分量图效果

■图 11-67　选择"抓取静帧"选项

步骤05　展开"**一级校色条**"面板，拖动"**暗部**"色条下方的轮盘，设置 YRGB 参数均为 −0.05，如图 11-68 所示。

步骤06　用同样的方法，拖动"**亮部**"色条下方的轮盘，设置 YRGB 参数均为 1.06，如图 11-69 所示。

■图 11-68　设置"暗部"参数

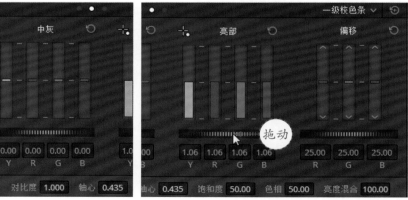

■图 11-69　设置"亮部"参数

步骤07 在"**节点**"面板中，添加一个编号为02的串行节点，如图11-70所示。

步骤08 展开"**限定器**"面板，在"**检视器**"面板上方，单击"**突出显示**"按钮 ，如图11-71所示。

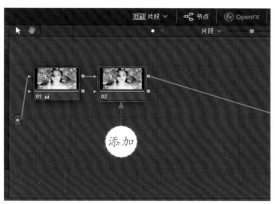

■图11-70　添加一个02串行节点　　　■图11-71　单击"突出显示"按钮

步骤09 然后在预览窗口中，创建一个抠像选区，如图11-72所示。

步骤10 切换至"**限定器**"面板，在"**选择范围**"选项区中，单击"**反转**"按钮 ，如图11-73所示。

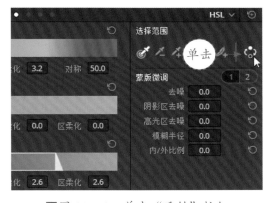

■图11-72　创建一个抠像选区　　　■图11-73　单击"反转"按钮

步骤11 在"**色轮**"面板下方，设置"**饱和度**"参数为100.00，如图11-74所示。

步骤12 在"**检视器**"面板上方，再次单击"**突出显示**"按钮 ，取消突出显示选区图像，如图11-75所示。

步骤13 在菜单栏中，单击"**调色**"|"**调色版本**"|"**添加**"命令，如图11-76所示。

步骤14 然后在"**节点**"面板中，添加一个编号为03的串行节点，如图11-77所示。

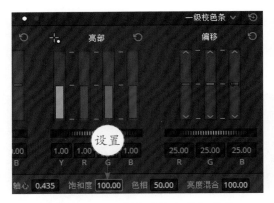

■图 11-74　设置"饱和度"参数

■图 11-75　再次单击"突出显示"按钮

■图 11-76　单击"添加"命令

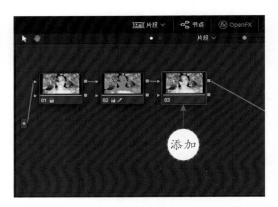

■图 11-77　添加编号为 03 的串行节点

步骤15 展开"**限定器**"面板，用与上相同的方法，在预览窗口中创建抠像选区，并突出显示创建的选区画面，如图 11-78 所示。

步骤16 展开"**一级校色条**"面板，拖动"**亮部**"通道滑块，设置 G 通道参数为 1.30，如图 11-79 所示。

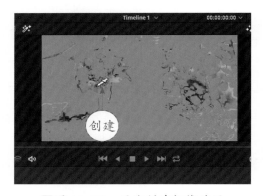

■图 11-78　再次创建抠像选区

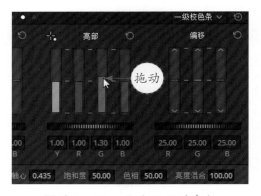

■图 11-79　设置 G 通道参数

步骤17 在"**节点**"面板中，继续添加一个编号为 04 的串行节点，如图 11-80 所示。

步骤18 展开"**限定器**"面板，用与上相同的方法，在预览窗口中创建抠像选区，并突出显示创建的选区画面，如图 11-81 所示。

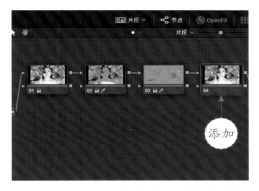

■图 11-80　添加编号为 04 的串行节点　　　■图 11-81　突出显示创建的选区画面

步骤19 展开"**色相 VS 饱和度**"曲线面板，在面板下方单击红色矢量色块，在编辑器中的曲线上即可添加三个控制点，如图 11-82 所示。

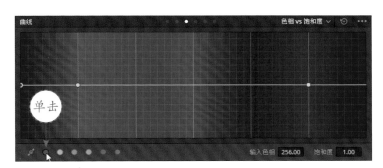

■图 11-82　添加三个控制点

步骤20 选中左边第 1 个控制点，在面板右下角设置"**输入色相**"参数为 261.15、"**饱和度**"参数为 0.55，如图 11-83 所示。

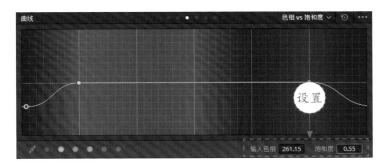

■图 11-83　设置相应参数

步骤 21 在"检视器"面板中，取消突出显示选区画面，切换至"**示波器**"面板中，查看清新甜美风格调色完成后的分量图效果，如图 11-84 所示。

步骤 22 在"**检视器**"面板上方，单击"**划像**"按钮，在预览窗口中，双击鼠标左键，当光标呈双向箭头形状时，左右拖动光标划像查看调色前后的对比效果，如图 11-85 所示。

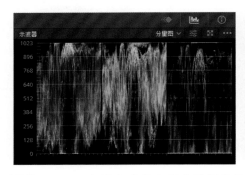 

■图 11-84　分屏查看多个版本的调色效果　　■图 11-85　分屏查看多个版本的调色效果

步骤 23 执行上述操作后，在"**检视器**"面板上方，单击"**分屏**"按钮，在预览窗口右上角单击下拉按钮，在弹出的列表框中，选择"**调色版本和原始图像**"选项，分屏查看多个版本的调色效果，如图 11-86 所示。

■图 11-86　分屏查看多个版本的调色效果

第12章 制作旅游广告
——中国美景

学习提示

现如今，人们的生活质量越来越高，交通越来越便利，越来越多的人去往各个风景名胜之地游玩，在电视上也经常能够看到各地的旅游广告视频。为了吸引更多的游客，拍摄的景点视频通常会进行色彩色调等后期处理。本章主要介绍通过剪辑、调色等后期操作，将 6 段风景视频制作为一个完整的旅游广告视频，给观众最佳的视觉效果。

12.1 制作旅游广告

本章主要介绍在 DaVinci Resolve 16 中对 6 段名胜景点视频素材进行剪辑、调色、转场以及字幕添加等操作，将 6 段独立的视频素材制作成一个完整的旅游广告视频文件。在制作旅游广告效果之前，首先预览《中国美景》项目效果，并掌握项目技术提炼等内容。

12.1.1 效果赏析

本实例制作的是旅游广告——《中国美景》，下面预览视频进行风格调色、字幕添加前后效果的对比，如图 12-1 所示。

■图 12-1 旅游广告——《中国美景》项目制作前后效果对比赏析

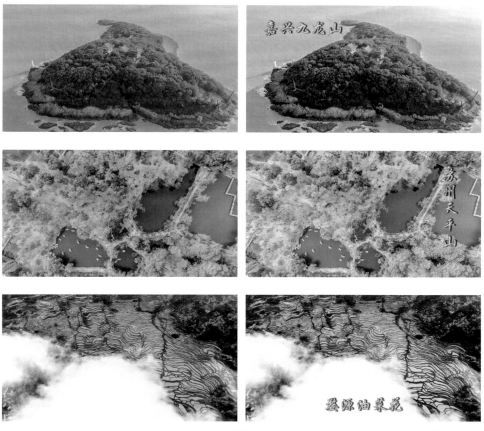

■图 12-1　旅游广告——《中国美景》项目制作前后效果对比赏析（续）

12.1.2　技术提炼

在 DaVinci Resolve 16 中，用户可以先建立一个项目文件，然后在"**剪辑**"步骤面板中，将旅游视频素材导入"**时间线**"面板内，根据需要在"**时间线**"面板中对素材文件进行时长剪辑，切换至"**调色**"步骤面板，依次对"**时间线**"面板中的视频片段进行调色操作，待画面色调调整完成后，为旅游视频添加转场效果与广告标题字幕，并将项目文件渲染输出等。

12.2　调色制作过程

本节主要介绍《中国美景》视频文件的调色制作过程，包括导入旅游视频素材、对素材片段进行合成剪辑等操作、调整素材画面的色彩风格与色调、为视频素材添加专场与字幕效果以及渲染输出项目效果等内容，希望读者可以熟练掌握旅游广告视频调色的各种制作方法。

12.2.1 在时间线导入多段视频素材

在 DaVinci Resolve 16 中制作旅游广告视频前，首先需要将视频素材导入"时间线"面板的视频轨中，下面介绍具体的操作方法。

步骤01 进入"**剪辑**"步骤面板，在"**媒体池**"面板的空白位置处，单击鼠标右键，弹出快捷菜单，选择"**时间线**"|"**新建时间线**"选项，如图 12-2 所示。

步骤02 弹出"**新建时间线**"对话框，设置"**视频轨道数量**"为 2，并单击"**创建**"按钮，如图 12-3 所示。

步骤03 执行操作后，即可创建一个"**时间线**"面板，在"**媒体池**"面板的空白位置处，单击鼠标右键，弹出快捷菜单，选择"**导入媒体**"选项，如图 12-4 所示。

步骤04 弹出"**导入媒体**"对话框，选中 6 段旅游视频素材，单击"**打开**"按钮，如图 12-5 所示。

■图 12-2 选择"新建时间线"选项

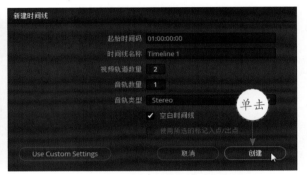

■图 12-3 单击"创建"按钮

■图 12-4 选择"导入媒体"选项

■图 12-5 单击"打开"按钮

步骤05 执行操作后即可将选择的 6 段旅游视频素材导入"**媒体池**"面板中，如图 12-6 所示。

步骤06 依次选中"**素材 1**"~"**素材 6**"视频片段，将素材添加至"**时间线**"

面板的 V1 轨道上，如图 12-7 所示。

■图 12-6　导入"媒体池"面板

■图 12-7　添加视频素材

12.2.2　对视频进行合成、剪辑操作

导入视频素材后，需要对视频素材进行剪辑调整，方便后续调色、转场添加等操作，下面介绍具体的操作方法。

步骤01　在"**时间线**"面板上方的工具栏中，单击"**刀片编辑模式**"按钮，如图 12-8 所示。

步骤02　将时间指示器移至 01:00:02:15 位置处，如图 12-9 所示。

■图 12-8　单击"刀片编辑模式"按钮

■图 12-9　移动时间指示器

步骤03　在 V1 轨道的素材文件上，移动光标至时间指示器位置，单击鼠标左键，将"**素材 1**"分割为两段，如图 12-10 所示。

步骤04　继续将时间指示器移至 01:00:03:10 位置处，移动光标将"**素材 2**"分割为两段，如图 12-11 所示。

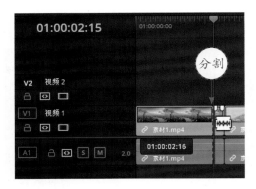

■图 12-10　将"素材 1"分割为两段

■图 12-11　将"素材 2"分割为两段

步骤 05　然后用与上相同的方法，在 01:00:05:15、01:00:06:10、01:00:08:15、01:00:09:10、01:00:11:15、01:00:12:10、01:00:14:15、01:00:15:10 位置处，对 V1 轨道上的视频素材进行分割剪辑操作，时间线效果如图 12-12 所示。

步骤 06　在"**时间线**"面板的工具栏中，单击"**选择模式**"按钮，在视频轨道上按住【Ctrl】键的同时，选中分割出来的小片段，按【Delete】键，将小片段删除，效果如图 12-13 所示。

■图 12-12　对 V1 轨道上的视频素材进行分割剪辑

■图 12-13　删除分割出来的小片段效果

12.2.3　调整画面的色彩风格与色调

对视频素材剪辑完成后，即可开始在"**调色**"步骤面板中，为视频素材调整画面的色彩风格、色调等，下面介绍具体的操作步骤。

步骤01 切换至"**调色**"步骤面板，在"**片段**"面板中，选中"**素材1**"视频片段，如图 12-14 所示。

步骤02 在"**示波器**"面板中，可以查看素材分量图效果，如图 12-15 所示。

■图 12-14 选中"素材 1"视频片段

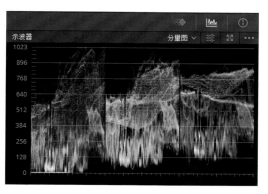

■图 12-15 查看素材分量图效果

步骤03 在预览器窗口的图像素材上，单击鼠标右键，弹出快捷菜单，选择"**抓取静帧**"选项，如图 12-16 所示。

步骤04 在"**画廊**"面板中，可以查看抓取的静帧缩略图，如图 12-17 所示。

■图 12-16 选择"抓取静帧"选项

■图 12-17 查看抓取的静帧缩略图

步骤05 展开"**一级校色条**"面板，拖动"**暗部**"色条通道滑块，设置 YRGB 参数为 0.00、0.00、-0.03、-0.06，如图 12-18 所示。

步骤06 执行操作后，拖动"**亮部**"色条下方的轮盘，设置 YRGB 参数均为 1.22，如图 12-19 所示。

步骤07 执行操作后，在"**示波器**"面板中，查看分量图显示效果，如图 12-20 所示。

步骤08 在"**检视器**"面板上方，单击"**划像**"按钮▢▢，如图 12-21 所示。

■图 12-18　设置"暗部"参数

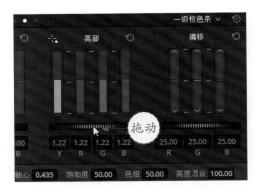

■图 12-19　设置"亮部"参数

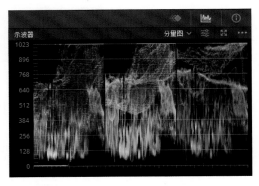

■图 12-20　查看分量图显示效果

■图 12-21　单击"划像"按钮

步骤 09　在预览窗口中，划像查看静帧与调色后的对比效果，如图 12-22 所示。

■图 12-22　划像查看静帧与调色后的对比效果

步骤 10　取消划像对比，在"**片段**"面板中，选中"**素材 2**"视频片段，如图 12-23 所示。

步骤 11　在"**示波器**"面板中，可以查看"**素材 2**"分量图效果，如图 12-24 所示。

■图 12-23　选中"素材 2"视频片段

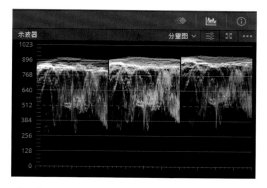

■图 12-24　查看"素材 2"分量图效果

步骤12 在预览窗口中抓取静帧图像，展开"**画廊**"面板，在其中查看抓取的"**素材 2**"静帧图像缩略图，如图 12-25 所示。

步骤13 在"**色轮**"面板下方，设置"**饱和度**"参数为 100.00，如图 12-26 所示。

■图 12-25　查看"素材 2"静帧图像缩略图

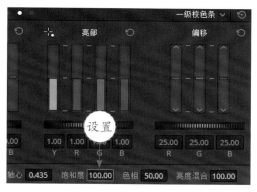

■图 12-26　设置"饱和度"参数

步骤14 在"**一级校色条**"面板中，拖动"**暗部**"色条下方的轮盘，设置 YRGB 参数均为 –0.20，如图 12-27 所示。

步骤15 在"**示波器**"面板中，查看"**素材 2**"分量图显示效果，如图 12-28 所示。

■图 12-27　拖动"暗部"色条下方的轮盘

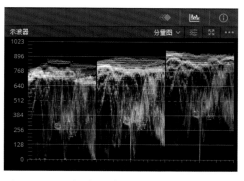

■图 12-28　查看"素材 2"分量图显示效果

步骤16 在"检视器"面板上方，单击"划像"按钮▢▢，如图 12-29 所示。

步骤17 在预览窗口中，划像查看静帧与调色后的对比效果，如图 12-30 所示。

■图 12-29　单击"划像"按钮　　　　■图 12-30　划像查看静帧与调色后的对比效果

步骤18 取消划像对比，在"片段"面板中，选中"素材 3"视频片段，如图 12-31 所示。

步骤19 在"示波器"面板中，可以查看"素材 3"分量图效果，如图 12-32 所示。

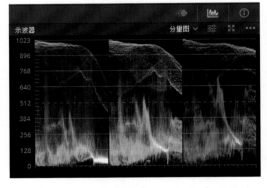

■图 12-31　选中"素材 3"视频片段　　　■图 12-32　查看"素材 3"分量图效果

步骤20 在预览窗口中抓取静帧图像，展开"画廊"面板，在其中查看抓取的"素材 3"静帧图像缩略图，如图 12-33 所示。

步骤21 在"色轮"面板下方，设置"饱和度"参数为 100.00，如图 12-34 所示。

步骤22 在"示波器"面板中，查看"素材 3"调色后分量图显示效果，如图 12-35 所示。

步骤23 在"检视器"面板上方，单击"划像"按钮▢▢，在预览窗口中，划像查看静帧与调色后的对比效果，如图 12-36 所示。

■图 12-33　查看"素材 3"静帧图像缩略图

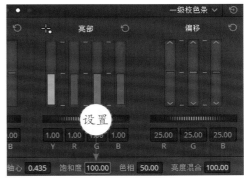

■图 12-34　设置"饱和度"参数

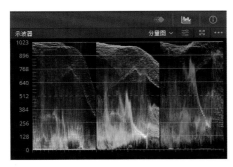

■图 12-35　"素材 3"调色后分量图显示效果

■图 12-36　划像查看静帧与调色后的对比效果

步骤24　取消划像对比，在"**片段**"面板中，选中"**素材 4**"视频片段，如图 12-37 所示。

步骤25　在"**示波器**"面板中，可以查看"**素材 4**"分量图效果，如图 12-38 所示。

■图 12-37　选中"素材 4"视频片段

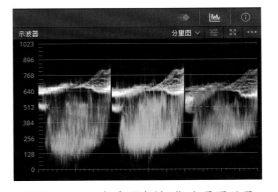

■图 12-38　查看"素材 4"分量图效果

步骤26　在预览窗口中抓取静帧图像，展开"**画廊**"面板，在其中查看抓取的"**素材 4**"静帧图像缩略图，如图 12-39 所示。

步骤27　在"**色轮**"面板下方，设置"**饱和度**"参数为 100.00，如图 12-40 所示。

■图 12-39 查看"素材 4"静帧图像缩略图

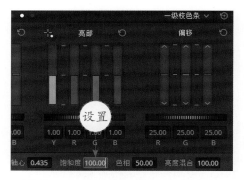

■图 12-40 设置"饱和度"参数

步骤28 展开"**一级校色条**"面板，拖动"**暗部**"色条下方的轮盘，设置 YRGB 参数均为 -0.05，如图 12-41 所示。

步骤29 然后拖动"**亮部**"色条下方的轮盘，设置 YRGB 参数均为 1.20，如图 12-42 所示。

■图 12-41 设置"暗部"参数

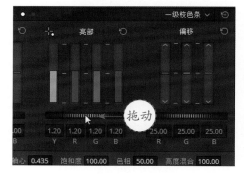

■图 12-42 设置"亮部"参数

步骤30 在"**示波器**"面板中，查看"**素材 4**"调色后分量图显示效果，如图 12-43 所示。

步骤31 在"**检视器**"面板上方，单击"**划像**"按钮▉，在预览窗口中，划像查看静帧与调色后的对比效果，如图 12-44 所示。

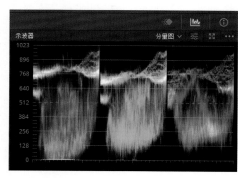

■图 12-43 "素材 4"调色后分量图
显示效果

■图 12-44 划像查看静帧与调色后的
对比效果

步骤32 取消划像对比，在"**片段**"面板中，选中"**素材5**"视频片段，如图 12-45 所示。

步骤33 在"**示波器**"面板中，可以查看"**素材5**"分量图效果，如图 12-46 所示。

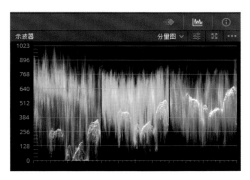

■图 12-45 选中"素材5"视频片段　　　■图 12-46 查看"素材5"分量图效果

步骤34 在预览窗口中抓取静帧图像，展开"**画廊**"面板，在其中查看抓取的"**素材5**"静帧图像缩略图，如图 12-47 所示。

步骤35 在"**一级校色条**"面板下方，设置"**饱和度**"参数为 100.00、"**亮部**"色条 YRGB 参数均为 1.10，如图 12-48 所示。

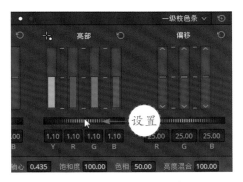

■图 12-47 查看"素材5"静帧图像缩略图　　■图 12-48 设置相应参数

步骤36 在"**示波器**"面板中，查看"**素材5**"调色后分量图显示效果，如图 12-49 所示。

步骤37 在"**检视器**"面板上方，单击"**划像**"按钮，在预览窗口中，划像查看静帧与调色后的对比效果，如图 12-50 所示。

步骤38 取消划像对比，在"**片段**"面板中，选中"**素材6**"视频片段，如图 12-51 所示。

步骤39 在"**示波器**"面板中，可以查看"**素材6**"分量图效果，如图 12-52 所示。

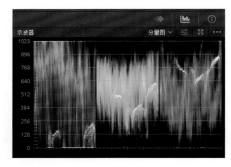 

■图 12-49　"素材 5"调色后分量图显示效果　■图 12-50　划像查看静帧与调色后的对比效果

 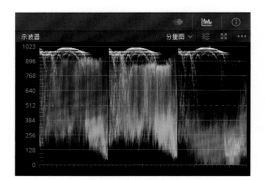

■图 12-51　选中"素材 6"视频片段　　　　■图 12-52　查看"素材 5"分量图效果

步骤40 在预览窗口中抓取静帧图像，展开"**画廊**"面板，在其中查看抓取的"**素材 6**"静帧图像缩略图，如图 12-53 所示。

步骤41 在"**一级校色条**"面板下方，设置"**饱和度**"参数为 100.00、"**对比度**"参数为 1.200，如图 12-54 所示。

 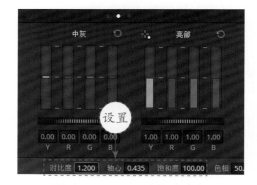

■图 12-53　查看"素材 6"静帧图像缩略图　　■图 12-54　设置相应参数

步骤42 在"**示波器**"面板中，查看"**素材 6**"调色后分量图显示效果，如图 12-55 所示。

步骤43 在"**检视器**"面板上方，单击"**划像**"按钮，在预览窗口中，划像查看静帧与调色后的对比效果，如图 12-56 所示。

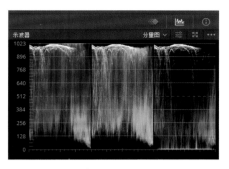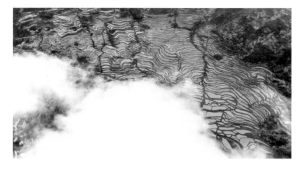

■图 12-55　"素材 6"调色后分量图显示效果■图 12-56　划像查看静帧与调色后的对比效果

12.2.4　为视频添加转场与字幕效果

为素材视频调色后，即可在"**剪辑**"步骤面板中，为调色后的视频素材添加转场与字幕效果，下面介绍具体的操作方法。

步骤01　切换至"**剪辑**"步骤面板，在面板左上角单击"**特效库**"按钮 ，如图 12-57 所示。

步骤02　展开相应面板，单击"**工具箱**"下拉按钮，在展开的选项面板中，选择"**视频转场**"选项，如图 12-58 所示。

■图 12-57　单击"特效库"按钮　　■图 12-58　选择"视频转场"选项

步骤03　在"**视频转场**"|"**叠化**"转场组中，选择"**交叉叠化**"转场，如图 12-59 所示。

步骤04　单击鼠标左键拖动"**交叉叠化**"转场，将其添加至视频轨"**素材 1**"的开始位置处，如图 12-60 所示。

步骤05　在预览窗口中，查看添加转场后的"**素材 1**"效果，如图 12-61 所示。

步骤06　用与上相同的方法，在视频轨"**素材 6**"的结束位置处，添加一个"**交叉叠化**"转场，如图 12-62 所示。

步骤07 在预览窗口中，查看添加转场后的"**素材6**"效果，如图12-63所示。

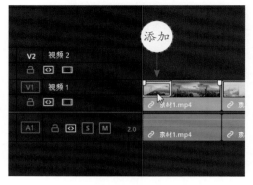

■图12-59 选择"交叉叠化"转场　■图12-60 添加转场至"素材1"的开始位置处

■图12-61 查看添加转场后的"素材1"效果

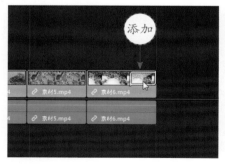

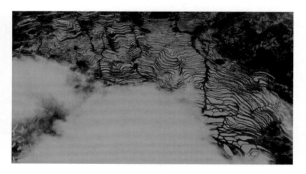

■图12-62 添加转场至"素材6"
　　　　　的结束位置处

■图12-63 查看添加转场后的
　　　　"素材6"效果

步骤08 在"**划像**"转场组中，选择"**螺旋划像**"转场，如图12-64所示。

步骤09 单击鼠标左键拖动转场，将其添加至视频轨"**素材1**"和"**素材2**"的中间，如图12-65所示。

步骤10 在预览窗口中，查看"**素材1**"和"**素材2**"添加转场后效果，如图12-66所示。

■图 12-64 选择"螺旋划像"转场

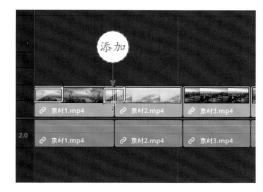

■图 12-65 在"素材 1"和"素材 2"
的中间添加转场

步骤11 然后用与上相同的方法，在"**素材 2**"和"**素材 3**"的中间添加"**百叶窗划像**"转场、在"**素材 3**"和"**素材 4**"的中间添加"**径向划像**"转场、在"**素材 4**"和"**素材 5**"的中间添加"**双侧平推门**"转场、在"**素材 5**"和"**素材 6**"的中间添加"**菱形展开**"转场，如图 12-67 所示。

■图 12-66 查看"素材 1"和
"素材 2"添加转场后效果

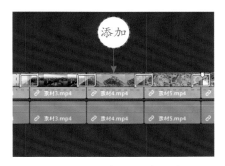

■图 12-67 在两个素材中间
添加转场效果

步骤12 执行上述操作后，在预览窗口中，查看添加的转场效果，如图 12-68 所示。

■图 12-68 查看添加的转场效果

■图 12-68　查看添加的转场效果（续）

步骤13　在"**特效库**"面板中，选择"**字幕**"选项，展开"**字幕**"选项面板，如图 12-69 所示。

步骤14　在"**字幕**"选项面板中，选择"**文本**"选项，如图 12-70 所示。

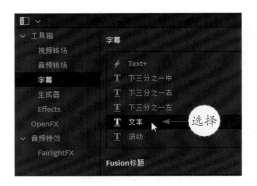

■图 12-69　选择"字幕"选项　　　　　　■图 12-70　选择"文本"选项

步骤15　单击鼠标左键拖动"**文本**"样式，将其添加至"**时间线**"面板的 V2 轨道上，如图 12-71 所示。

步骤16　在"**时间线**"面板中，调整字幕文本的时长为 01:00:02:15，如图 12-72 所示。

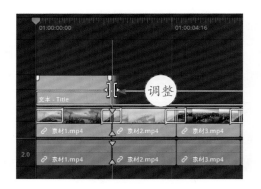

■图 12-71　添加字幕文本　　　　　　■图 12-72　调整字幕文本的时长

步骤17　双击字幕文本，展开"**检查器**"|"**文本**"选项面板，在"**多信息文本**"

下方的编辑框中，输入文字内容"**中国美景**"，如图 12-73 所示。

　　步骤18 在下方设置"**字体**"为"**华文行楷**"，如图 12-74 所示。

■图 12-73　输入文字内容

■图 12-74　设置"字体"

　　步骤19 在下方单击"**颜色**"色块，如图 12-75 所示。

　　步骤20 弹出"**选择颜色**"对话框，在"**基本颜色**"选项区中，选择黄色色块，如图 12-76 所示。

■图 12-75　单击"颜色"色块

■图 12-76　选择黄色色块

　　步骤21 单击 OK 按钮，即可设置字幕颜色为黄色，在下方设置"**大小**"参数为 280，如图 12-77 所示。

　　步骤22 在"**下拉阴影**"选项区中，设置"**偏移**"X 参数为 10.000，如图 12-78 所示。

　　步骤23 在"**描边**"选项区中，单击"**色彩**"右侧的色块，如图 12-79 所示。

　　步骤24 在"**基本颜色**"选项区中，选择红色色块，如图 12-80 所示。

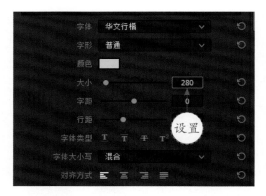

■图 12-77 设置"大小"参数

■图 12-78 设置"偏移"X 参数

■图 12-79 单击"色彩"右侧的色块

■图 12-80 选择红色色块

步骤 25 单击 OK 按钮，返回上一个面板，设置描边"**大小**"参数为 4，如图 12-81 所示。

步骤 26 在"**检查器**"面板中，切换至"**视频**"选项面板，如图 12-82 所示。

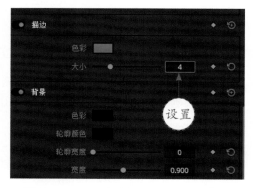

■图 12-81 设置描边"大小"参数

■图 12-82 切换至"视频"选项面板

步骤 27 确认时间指示器位置在视频开始位置后，在"**检查器**"|"**视频**"选项面板中，设置"**不透明度**"参数为 0.00，如图 12-83 所示。

步骤28 单击"**不透明度**"关键帧按钮 ◈，添加第 1 个字幕关键帧，如图 12-84 所示。

■ 图 12-83 设置"不透明度"参数（1） ■ 图 12-84 单击"不透明度"关键帧按钮

步骤29 拖动时间指示器至 01:00:01:00 位置处，如图 12-85 所示。

步骤30 设置"**不透明度**"参数为 100.00，如图 12-86 所示。自动添加第 2 个字幕关键帧。

■ 图 12-85 拖动时间指示器（1） ■ 图 12-86 设置"不透明度"参数（2）

步骤31 拖动时间指示器至 01:00:02:06 位置处，如图 12-87 所示。

步骤32 再次单击"**不透明度**"关键帧按钮 ◈，如图 12-88 所示。添加第 3 个字幕关键帧。

步骤33 拖动时间指示器至 01:00:02:15 位置处，如图 12-89 所示。

步骤34 设置"**不透明度**"参数为 0.00，如图 12-90 所示。自动添加第 4 个字幕关键帧。

■图 12-87 拖动时间指示器（2）

■图 12-88 再次单击"不透明度"关键帧按钮

■图 12-89 拖动时间指示器（3）

■图 12-90 设置"不透明度"参数（4）

步骤35 执行上述操作后，在预览窗口中，查看添加的第 1 个字幕效果，如图 12-91 所示。

■图 12-91 查看添加的第 1 个字幕效果

步骤36 拖动时间指示器至 01:00:02:15 位置处，选中添加的第 1 个字幕文件，按【Ctrl + C】组合键复制，如图 12-92 所示。

步骤37 按【Ctrl + V】组合键粘贴复制的字幕文件，如图 12-93 所示。

■图 12-92　选中添加的第 1 个字幕文件

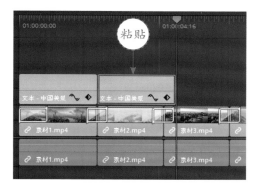

■图 12-93　粘贴复制的字幕文件

步骤38　然后调整第 2 个字幕时长与"**素材 2**"视频时长一致，如图 12-94 所示。

步骤39　双击第 2 个字幕文件，展开"**检查器**"|"**文本**"选项面板，修改文本内容为"**东方明珠**"，如图 12-95 所示。

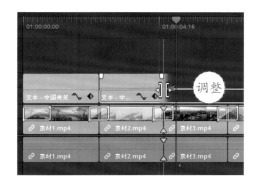

■图 12-94　调整第 2 个字幕时长

■图 12-95　修改文本内容

步骤40　设置第 2 个字幕文件字体"**大小**"参数为 130，如图 12-96 所示。

步骤41　将时间指示器拖动至 01:00:03:00 位置处，如图 12-97 所示。

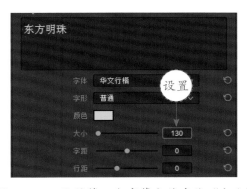

■图 12-96　设置第 2 个字幕文件字体"大小"参数

■图 12-97　拖动时间指示器

步骤42　在"**检查器**"|"**文本**"选项面板中，设置"**位置**"X 参数为

460.000、Y 参数为 1170.000，单击"**位置**"关键帧按钮 ，添加第 1 个"**位置**"关键帧，如图 12-98 所示。

步骤**43** 然后将时间指示器拖动至 01:00:03:20 位置处，在"**检查器**"|"**文本**"选项面板中，设置"**位置**"X 参数为 460.000、Y 参数为 830.000，如图 12-99 所示，自动添加第 2 个"**位置**"关键帧。

■图 12-98　单击"位置"关键帧按钮

■图 12-99　设置"位置"参数

步骤**44** 将时间指示器拖动至 01:00:02:15 位置处，展开"**检查器**"|"**视频**"选项面板，如图 12-100 所示。

步骤**45** 在"**合成**"选项区中，单击"**不透明度**"重置按钮，如图 12-101 所示。

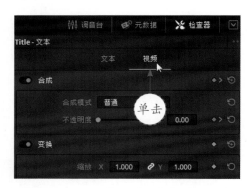
■图 12-100　展开"视频"选项面板

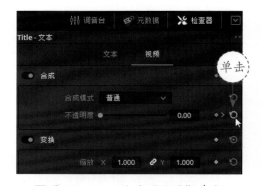
■图 12-101　设置"位置"参数

步骤**46** 在"**检查器**"|"**视频**"选项面板的"**合成**"选项区中，单击"**不透明度**"关键帧按钮，添加关键帧，如图 12-102 所示。

步骤**47** 将时间指示器拖动至 01:00:03:00 位置处，如图 12-103 所示。

步骤**48** 在"**检查器**"|"**视频**"选项面板中，设置"**不透明度**"参数为 100.00，添加第 2 个关键帧，如图 12-104 所示。

步骤**49** 再次拖动时间指示器至 01:00:04:05 的位置处，如图 12-105 所示。

■图 12-102 单击"不透明度"关键帧按钮

■图 12-103 拖动时间指示器

■图 12-104 设置"不透明度"参数

■图 12-105 再次拖动时间指示器

步骤50 在"**检查器**"|"视频"选项面板的"**合成**"选项区中，再次单击"**不透明度**"关键帧按钮■，添加第 3 个关键帧，如图 12-104 所示。

步骤51 将时间指示器拖动至 01:00:04:11 位置处，然后在"**检查器**"|"视频"选项面板，设置"**不透明度**"参数为 0.00，添加第 4 个关键帧，如图 12-105 所示。

■图 12-106 再次单击"不透明度"关键帧按钮

■图 12-107 再次设置"位置"参数

步骤52 执行上述操作后，在预览窗口中，查看第 2 个字幕效果，如图 12-108 所示。

■图 12-108　查看第 2 个字幕效果

步骤53　在 V2 轨道上，选中并复制第 2 个字幕文件，将时间指示器拖动至 01:00:04:20 的位置处，如图 12-109 所示。

步骤54　粘贴复制的第 2 个字幕文件，如图 12-110 所示。

 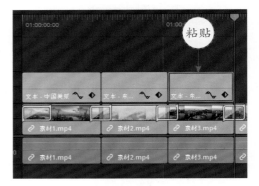

■图 12-109　拖动时间指示器　　　　■图 12-110　粘贴复制的第 2 个字幕文件

步骤55　展开"**检查器**"｜"**文本**"选项面板，修改字幕内容为"**广富林遗址**"，如图 12-111 所示。

步骤56　在预览窗口中，查看第 3 个字幕文件效果，如图 12-112 所示。

■图 12-111　拖动时间指示器　　　　■图 12-112　查看第 3 个字幕文件效果

步骤57　在"**时间线**"面板中，复制第 3 个字幕文件，粘贴至 01:00:07:01 的位置处，如图 12-113 所示。

步骤58 在"**检查器**"|"**文本**"选项面板中，修改字幕内容为"**嘉兴九龙山**"，在预览窗口中，查看第 4 个字幕文件效果，如图 12-114 所示。

■图 12-113　粘贴复制的第 3 个字幕文件　　■图 12-114　查看第 4 个字幕文件效果

步骤59 在"**时间线**"面板中，用与上相同的方法，在 01:00:09:06 位置处，复制粘贴前一个字幕文件，如图 12-115 所示。

步骤60 在"**检查器**"|"**文本**"选项面板中，修改字幕内容为"**苏州天平山**"，如图 12-116 所示。

■图 12-115　粘贴复制的第 3 个字幕文件　　■图 12-116　修改字幕内容

步骤61 在下方单击"**位置**"重置按钮，如图 12-117 所示。

步骤62 然后设置"**位置**"X 参数为 1660.000、Y 参数为 590.000，如图 12-118 所示。

■图 12-117　单击"位置"重置按钮　　■图 12-118　设置"位置"参数

步骤63 将时间指示器拖动至 01:00:09:15 位置处，展开"**检查器**"|"**视频**"选项面板，在"**裁切**"选项区中，设置"**裁切底部**"参数为 960.000，单击"**裁切底部**"关键帧按钮◆，添加关键帧，如图 12-119 所示。

步骤64 将时间指示器拖动至 01:00:10:12 位置处，在"**裁切**"选项区中，设置"**裁切底部**"参数为 0.000，自动添加第 2 个关键帧，如图 12-120 所示。

■图 12-119　单击"裁切底部"关键帧　　　■图 12-120　设置"裁切底部"参数

步骤65 执行上述操作后，在预览窗口中，查看第 5 个字幕效果，如图 12-121 所示。

■图 12-121　查看第 5 个字幕效果

步骤66 在"**时间线**"面板中，选中并复制第 4 个字幕文件，如图 12-122 所示。

步骤67 拖动时间指示器至 01:00:11:11 位置处，粘贴复制的第 4 个字幕文件，如图 12-123 所示。

步骤68 在"**检查器**"|"**文本**"选项面板中，修改字幕内容为"**婺源油菜花**"，如图 12-124 所示。

步骤69 在下方单击"**位置**"重置按钮◐，然后设置"**位置**"X 参数为 960.000、Y 参数为 140.000，如图 12-125 所示。

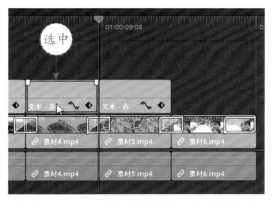

■图 12-122　选中并复制第 4 个字幕文件

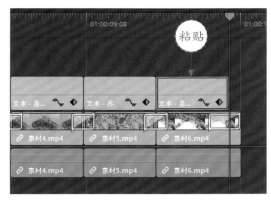

■图 12-123　粘贴复制的第 4 个字幕文件

■图 12-124　修改字幕内容

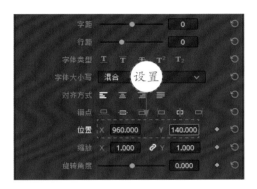

■图 12-125　设置"位置"参数

步骤 70　执行上述操作后，在预览窗口中，查看第 6 个字幕效果，如图 12-126 所示。

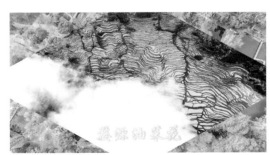
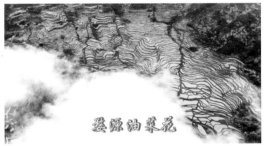

■图 12-126　查看第 6 个字幕效果

步骤 71　在 01:00:13:16 位置处，用与上相同的方法，添加第 7 个字幕文件，并调整字幕时长，如图 12-127 所示。

步骤 72　在"**检查器**"｜"**文本**"选项面板中，修改字幕内容，如图 12-128 所示。

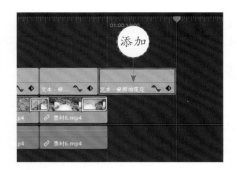

■图 12-127　添加第 7 个字幕文件　　　　■图 12-128　修改字幕内容

步骤 73　在下方设置"**位置**"X 参数为 960.000、Y 参数为 515.000，如图 12-129 所示。

步骤 74　切换至"**检查器**"｜"**视频**"选项面板，在"**合成**"选项区中，单击"**不透明度**"重置按钮 ，设置"**不透明度**"参数为 0.00，并单击"**不透明度**"关键帧按钮 ，添加关键帧，如图 12-130 所示。

■图 12-129　设置"位置"参数　　　　■图 12-130　单击"不透明度"关键帧按钮

步骤 75　在 01:00:14:01 和 01:00:15:20 的位置处，分别添加一个"**不透明度**"参数为 100.00 的关键帧，如图 12-131 所示。

步骤 76　在 01:00:16:15 位置处，添加一个"**不透明度**"参数为 0.00 的关键帧，如图 12-132 所示。

■图 12-131　添加两个"不透明度"关键帧　　　　■图 12-132　添加一个"不透明度"关键帧

步骤 77 拖动时间指示器至 01:00:13:16 的位置处，在"**裁切**"选项区中，设置"**裁切右侧**"参数为 1745.000，如图 12-131 所示。

步骤 78 然后单击"**裁切右侧**"关键帧按钮 ◆，添加一个关键帧，如图 12-132 所示。

■ 图 12-133　设置"裁切右侧"参数　　　■ 图 12-134　单击"裁切右侧"关键帧按钮

步骤 79 拖动时间指示器至 01:00:15:00 的位置处，如图 12-135 所示。

步骤 80 在"**裁切**"选项区中，设置"**裁切右侧**"参数为 0.000，即可自动添加一个关键帧，如图 12-136 所示。

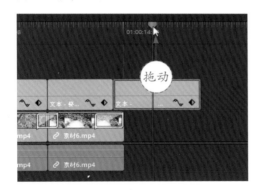

■ 图 12-135　拖动时间指示器　　　　　■ 图 12-136　设置"裁切右侧"参数为 0.000

步骤 81 执行上述操作后，在预览窗口中，查看第 7 个字幕效果，如图 12-137 所示。

■ 图 12-137　查看第 7 个字幕效果

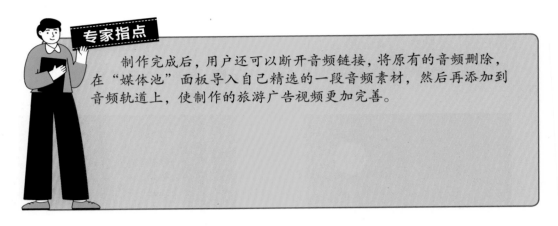

专家指点

制作完成后，用户还可以断开音频链接，将原有的音频删除，在"媒体池"面板导入自己精选的一段音频素材，然后再添加到音频轨道上，使制作的旅游广告视频更加完善。

12.2.5　将制作的项目效果渲染输出

项目文件制作完成后，用户可以通过"交付"面板，将制作的项目效果渲染输出，下面介绍具体的操作方法。

步骤01　切换至"**交付**"步骤面板，在"**渲染设置**"|"**渲染设置－自定义**"选项面板中，设置文件名称和保存位置，如图 12-138 所示。

步骤02　在"**导出视频**"选项区中，单击"**格式**"右侧的下拉按钮，在弹出的下拉列表中，选择 MP4 选项，如图 12-139 所示。

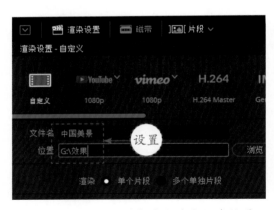

■图 12-138　设置文件名称和保存位置

■图 12-139　选择 MP4 选项

步骤03　单击"**添加到渲染队列**"按钮，如图 12-140 所示。

步骤04　将视频文件添加到右上角的"**渲染队列**"面板中，单击面板下方的"**开始渲染**"按钮，如图 12-141 所示。

步骤05　开始渲染视频文件，并显示视频渲染进度，如图 12-142 所示。

步骤06　待渲染完成后，在渲染列表上会显示完成用时，表示渲染成功，如图 12-143 所示。在视频渲染保存的文件夹中，可以查看渲染输出的视频。

■图 12-140　单击"添加到渲染队列"按钮　　　■图 12-141　单击"开始渲染"按钮

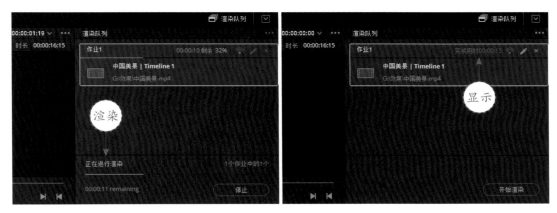

■图 12-142　开始渲染视频文件　　　■图 12-143　显示完成用时

附 录　达芬奇调色常用快捷键

在 DaVinci Resolve16 中，下面这些常用的快捷键可以帮助用户在对影视文件进行剪辑、调色时更为方便、快捷。

01　项目文件设置

项目文件设置		
序号	快捷键	功能
1	Ctrl+Shift+N	在"媒体池"面板新建一个媒体文件夹
2	Ctrl+N	新建一个时间线
3	Ctrl+S	保存项目文件
4	Ctrl+Shift+S	另存项目文件
5	Ctrl+I	导入媒体文件
6	Ctrl+E	导出项目文件
7	Shift+1	打开"项目管理器"对话框
8	Shift+9	打开"项目设置"对话框

02　项目编辑设置

项目编辑设置		
序号	快捷键	功能
1	Ctrl+Z	撤销上一步操作
2	Ctrl+Shift+Z	重新编辑操作
3	Ctrl+Alt+Z	撤销修复操作
4	Ctrl+X	剪切
5	Ctrl+Shift+X	波纹剪切
6	Ctrl+C	复制
7	Ctrl+V	粘贴
8	Ctrl+Shift+V	粘贴插入
9	Alt+V	粘贴属性
10	Alt+Shift+V	粘贴值
11	Backspace	删除所选素材
12	Delete	波纹删除所选素材
13	Ctrl+A	全选当前面板中的素材
14	Ctrl+Shift+A	取消全选
15	F9	在时间指示器位置插入所选素材

项目编辑设置		
17	F10	覆盖时间指示器位置的素材片段
18	F11	替换当前所选素材
19	F12	在时间指示器上位置的素材上方的轨道上添加叠加素材
20	Shift+F10	波纹覆盖时间指示器位置的素材片段
21	Shift+F11	在素材轨道空白位置处适配填充所选素材
22	Shift+F12	快速附加到时间线结束位置素材片段的末端
23	Ctrl+Shift+,	与当前所选素材左边的片段进行位置交换
24	Ctrl+Shift+.	与当前所选素材右边的片段进行位置交换
25	Alt+Shift+Q	编辑后切换到时间线

03 视频修剪操作

视频修剪操作		
序号	快捷键	功能
1	A	快速切换至普通编辑模式
2	T	快速切换至修剪模式
3	R	快速切换至范围选择模式
4	W	快速切换至动态修剪模式
5	S	快速切换滑移 / 滑动模式
6	B	快速切换至刀片编辑模式
7	E	扩展编辑
8	V	选择最近的编辑点
9	Alt+E	选择最近的视频编辑点
10	Shift+E	选择最近的音频编辑点
11	Shift+V	选择最近的片段 / 空隙
12	Alt+U	切换 V+A/V/A
13	Shift+【	修剪视频开始位置
14	Shift+】	修剪视频结束位置

04 时间线面板设置

时间线面板设置		
序号	快捷键	功能
1	Ctrl+T	为当前所选素材自动添加视频和音频转场效果
2	Alt+T	为当前所选素材自动添加视频转场效果
3	Shift+T	为当前所选素材自动添加音频转场效果
4	Ctrl+B 或 Ctrl+\	在时间指示器所在位置，分割所选素材片段
5	N	开启 / 关闭吸附功能
6	Ctrl+Shift+L	开启 / 关闭链接选择功能

时间线面板设置		
7	Shift+S	开启 / 关闭音频链接功能
8	Alt+1/2/3	选择 V1/V2/V3 轨道
9	Alt+Shift+1/2/3	锁定或解锁 V1/V2/V3 轨道
10	Ctrl+Shift+1/2/3	启用或禁用 V1/V2/V3 轨道

05 视频片段设置

视频片段设置		
序号	快捷键	功能
1	Ctrl+Shift+C	显示关键帧编辑器
2	Shift+C	显示曲线编辑器
3	Ctrl+D	更改片段时长
4	Shift+R	冻结帧
5	Ctrl+R	变速控制视频片段
6	Ctrl+Alt+R	重置变速
7	Alt+F	在"媒体池"面板中查找视频片段

06 视频标记设置

视频标记设置		
序号	快捷键	功能
1	I	在时间指示器位置处标记入点
2	O	在时间指示器位置处标记出点
3	Alt+Shift+I	标记视频入点
4	Alt+Shift+O	标记视频出点
5	Ctrl+Alt+I	标记音频入点
6	Ctrl+Alt+O	标记音频出点
7	Alt+I	清除入点
8	Alt+O	清除出点
9	Alt+X	清除入点与出点
10	Alt+Shift+X	清除视频入点和出点
11	Ctrl+Alt+X	清除音频入点和出点
12	X	标记片段
13	Shift+A	标记所选内容
14	Alt+B	创建子片段
15	Ctrl+【	添加关键帧
17	Ctrl+】	添加静态关键帧
18	Alt+】	删除关键帧
19	Ctrl+Left	向左移动所选关键帧

视频标记设置		
20	Ctrl+Right	向右移动所选关键帧
21	Ctrl+Up	向上移动所选关键帧
22	Ctrl+Down	向下移动所选关键帧
23	Ctrl+M	添加并修改标记
24	Alt+M	删除标记

07 显示预览画面

显示预览画面		
序号	快捷键	功能
1	Ctrl+Alt+G	在"调色"步骤面板的预览窗口中抓取原素材静帧画面
2	Ctrl+Alt+F	播放抓取的静帧画面
3	Ctrl+Alt+B	切换至上一个静帧
4	Ctrl+Alt+N	切换至下一个静帧
5	Ctrl+W	快速开启划像功能，显示参考划像
6	Alt+W	反转显示的划像
7	Alt+Shift+Z	使检视器调整至实际大小
8	Shift+Q	在剪辑时启用 / 关闭预览
9	Ctrl+F	影院模式显示预览窗口
10	Shift+F	全屏模式显示预览窗口
11	Shift+Z	快速恢复画面大小到屏幕适配
12	空格	暂停 / 开始回放视频文件
13	J	从片尾方向开始倒放素材
14	K	停止正在播放中的素材
15	L	从片头方向开始正放素材
17	Alt+L	再次播放素材文件
18	Alt+K	快速停止播放，并跳转素材至结束位置处
19	Shift+J	快退
20	Shift+L	快进
21	Ctrl+/	使播放中的素材连续循环播放

08 调色节点设置

调色节点设置		
序号	快捷键	功能
1	Alt+Shift+；	上一个节点
2	Alt+Shift+`	下一个节点
3	Alt+S	添加串行节点
4	Shift+S	在当前节点前添加串行节点

调色节点设置		
5	Alt+P	添加并行节点
6	Alt+L	添加图层节点
7	Alt+K	附加节点
8	Alt+O	添加外部节点
9	Alt+Y	添加分离器 / 结合器节点
10	Alt+C	添加带有圆形窗口的串行节点
11	Alt+Q	添加带有四边形窗口的串行节点
12	Alt+G	添加带有多边形窗口的串行节点
13	Alt+B	添加带有 PowerCurve 曲线窗口的串行节点
14	Ctrl+D	启用或禁用已选节点
15	Alt+D	启用或禁用所有节点
17	Alt+A	自动调色
18	Shift+Home	对当前所选节点重置调色
19	Ctrl+Shift+Home	重置调色操作并保留节点
20	Ctrl+Home	重置所有节点和调色操作
21	Ctrl+Y	添加调色版本
22	Ctrl+U	切换至默认的调色版本
23	Ctrl+B	切换至上一个调色版本
24	Ctrl+N	切换至下一个调色版本

09 打开工作区面板

打开工作区面板		
序号	快捷键	功能
1	Shift+2	切换至"媒体"步骤面板
2	Shift+3	切换至 Cut（剪切）步骤面板
3	Shift+4	切换至"剪辑"步骤面板
4	Shift+5	切换至 Fusion 步骤面板
5	Shift+6	切换至"调色"步骤面板
6	Shift+7	切换至 Fairlight 步骤面板
7	Shift+8	切换至"交付"步骤面板
8	Ctrl+1	展开"媒体池"面板
9	Ctrl+6	展开"特效库"面板
10	Ctrl+7	展开"编辑索引"面板
11	Ctrl+9	展开"检查器"面板
12	Ctrl+Shift+F	展开"光箱"面板
13	Ctrl+Shift+W	开启视频"示波器"面板